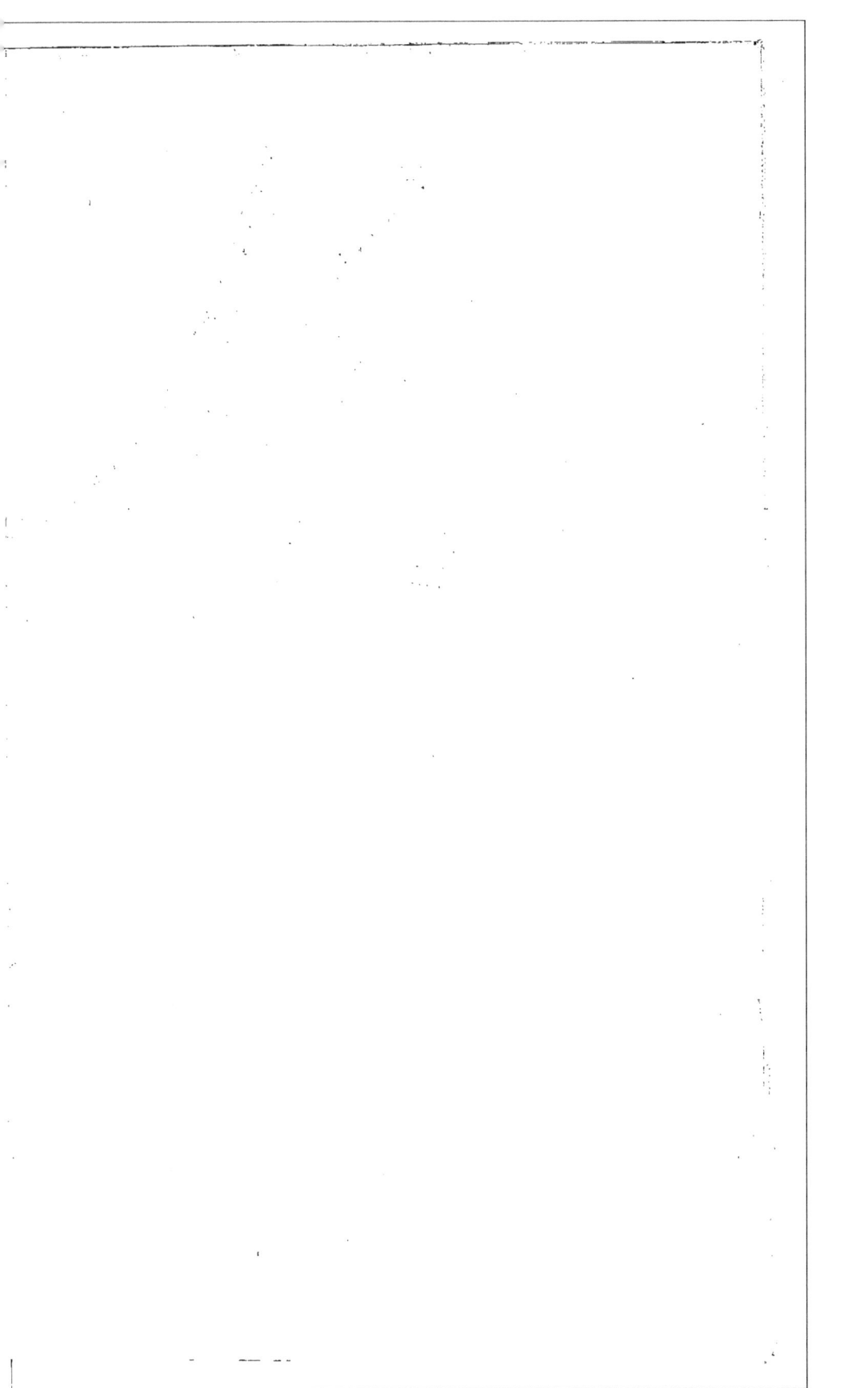

281814

NOUVELLE

CLASSIFICATION ZOOLOGIQUE

NOUVELLE CLASSIFICATION

ZOOLOGIQUE

BASÉE

SUR LES APPAREILS ET LES FONCTIONS
DE LA REPRODUCTION

PAR

EUGÈNE GUITTON

DOCTEUR EN MÉDECINE,
DES HÔPITAUX DE PARIS, ÉLÈVE DE L'ÉCOLE PRATIQUE,
MEMBRE DE LA SOCIÉTÉ ANATOMIQUE.

**Mémoire extrait de la REVUE et MAGASIN DE ZOOLOGIE,
année 1854.**

PARIS

IMPRIMERIE SIMON RAÇON ET Cⁱᵉ, RUE D'ERFURTH. 1.

—

1854

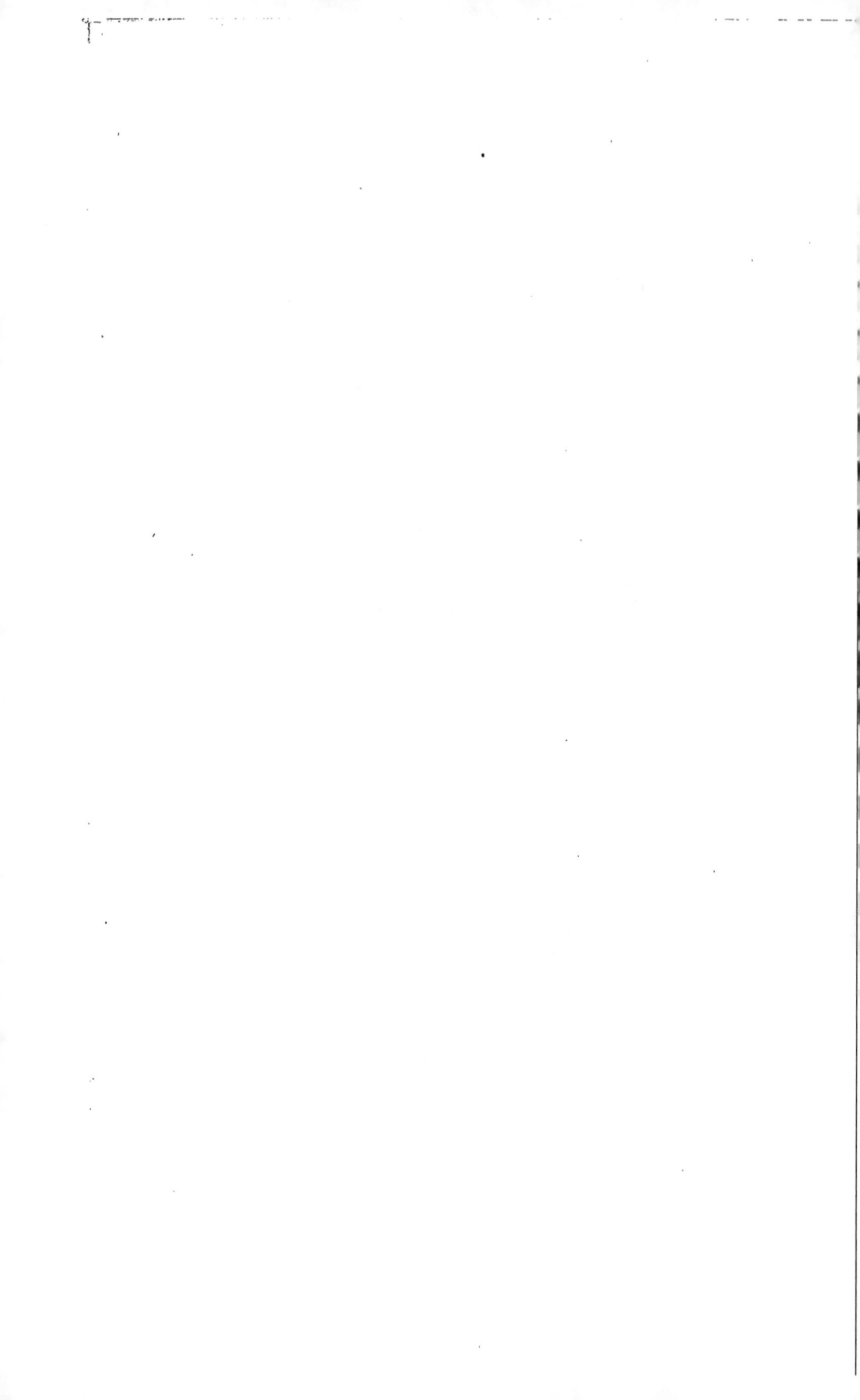

A LA MÉMOIRE

DE

DUCROTAY DE BLAINVILLE

IL GUIDA MES PREMIERS PAS DANS L'ÉTUDE DES SCIENCES NATURELLES.

Extrait de la REVUE ET MAGASIN DE ZOOLOGIE.
N° 3. — 1854.

NOUVELLE

CLASSIFICATION ZOOLOGIQUE

BASÉE

SUR LES APPAREILS ET LES FONCTIONS DE LA REPRODUCTION

PAR M. LE DOCTEUR

EUGÈNE GUITTON,

Ancien interne des hôpitaux de Paris, élève de l'École pratique, membre
de la Société anatomique, etc.

CHAPITRE PREMIER.

CONSIDÉRATIONS SUR LES APPAREILS ET LES FONCTIONS DE LA GÉNÉRATION CHEZ LES ANIMAUX

Si l'étude de la zoologie n'est accessible qu'à un nombre restreint d'organisations d'élite, cela tient à ce que cette science est encombrée de matériaux indigestes dont les affinités laissent beaucoup à désirer.

Depuis que Bichat nous a appris à distinguer la vie en trois grandes fonctions, personne, que nous sachions, n'a signalé la prééminence de la vie de la reproduction sur les autres.

La longue et récente polémique entre les zoologistes à l'occasion de l'Ornitherhynque, ce mammifère, moitié oiseau, eût été immédiatement résolue si l'on eût, dès le principe, attribué aux mamelles leur valeur zooclassique.

C'est en nous appuyant sur des considérations de cette nature, qu'il nous sera facile de rattacher à l'embranchement des poissons la famille des Batraciens, ce hors-d'œuvre zoologique par excellence.

Les grenouilles, en effet, comme les poissons, déposent leur frai à la surface de l'eau. Ces œufs, ainsi répandus sur l'eau, y subissent la fécondation et toutes les phases de l'incubation pour donner naissance à des petits qui vivront plusieurs semaines à l'état de têtards ou poissons, avant leur transformation définitive. Le développement du fœtus s'opère, chez les Batraciens comme chez les Poissons, exclusivement aux dépens de la vésicule ombilicale. L'absence complète d'amnios et d'allantoïde a valu, dans ces derniers temps, à ces animaux le nom d'*anallantoïdiens*.

Les Batraciens ainsi reliés aux poissons, la classe des Reptiles se trouve réduite à trois ordres : les Serpents, les Lézards et les Tortues, dont l'organisation nous présente, avec celle des oiseaux, des rapports si intimes, qu'ils confirment pleinement notre nouvelle classification, dans laquelle nous proposons de réunir ces deux groupes en un même embranchement primitif, désigné sous le nom d'*incubation extérieure*.

Les nombreuses affinités qui nous ont conduit à réunir ces deux importantes familles avaient été si bien pressenties par le génie du grand observateur écossais John Hunter, que nous avons cru devoir reproduire, dans le cours de cet ouvrage, la note de son commentateur.

Ces rapports sont cependant si peu compris, que de nos jours encore, au Jardin des Plantes, l'enseignement

de ces deux familles appartient à deux chaires différentes : les oiseaux sont confiés au professeur chargé
des Mammifères, pendant que les Reptiles sont dévolus
au professeur d'Icthyologie.

Enfin, la plus légère attention portée sur les organes
et les actes de la reproduction des Phoques, comparés à
ceux de l'espèce humaine, eût évité de faire successivement parcourir à ces animaux tous les casiers de l'importante classe des Mammifères, excepté celui auquel
ils appartiennent réellement.

La vie de la reproduction (comment méconnaître sa
supériorité) ne précède-t-elle pas les fonctions de la nutrition et de la relation dans toute la série animale ?

L'entretien de l'espèce, comme l'a si bien exprimé
Bichat, ne lui est-il pas exclusivement confié, tandis que
les appareils de la nutrition et de la relation ne fonctionnent que pour l'entretien de l'individu, rôle évidemment secondaire ?

Cette fonction par excellence, dans laquelle le Créateur s'est reflété, personnifié pour ainsi dire, cette fonction, sans laquelle son œuvre s'éteindrait fatalement, ne
doit-elle pas nous offrir les caractères les plus importants pour la classification, puisqu'elle joue le rôle le
plus élevé dans la création ?

Cette vérité, déjà pressentie par Linné, l'insuffisance
des classifications dont la science est obstruée, nous ont
amené à en proposer une nouvelle, basée sur les appareils et les fonctions de la génération. Cette nouvelle
base, acceptée aussitôt qu'entrevue, nous conduisit à
des résultats si prodigieux, que notre raison, étourdie
tout d'abord, se rassura bientôt pour nous avertir que
nous étions entré dans la véritable voie, celle de l'interprétation des actes de la nature.

Produits d'une cause unique et immuable, les œuvres
du Créateur, envisagées soit isolément, soit dans leur
ensemble, se font remarquer par une homogénéité con-

stante : cette harmonie qui leur est inhérente, cette
unité de plan, précieuse boussole qui devrait toujours
guider ceux qui veulent pénétrer les secrets de la nature, a été cependant ignorée, méconnue, à tel point
que la plupart des naturalistes ont établi des classifications si étranges, qu'on pourrait, à juste titre, les comparer à ces mosaïques dont toutes les pièces contrastent
par leur incohérence et leur hétérogénéité.

Dans ces arrangements d'animaux, les liens, les affinités des divers groupes s'opèrent par des familles ex-
ceptionnelles, des *anomalies*, comme on n'a pas craint
de les nommer tout récemment. Qu'entend-on par ano-
malie? Comparé aux autres Mammifères, le phoque es¹
anormal par sa vie aquatique, la chauve-souris par son
vol, la taupe par son existence souterraine, etc., etc.

Sur quels droits s'appuie-t-on pour déshériter ainsi
une partie du règne animal, pour traiter ceux-ci d'anor-
maux par rapport à ceux-là, qu'il a plu de qualifier de
normaux? Et si, retournant l'argument, nous adressions
la proposition inverse, alors toute la création devien-
drait anormale. Étrange illusion de l'esprit humain
qui, pour tout expliquer, même ce qu'il ne comprend
pas, transforme en exceptions les plus harmonieuses
lois de la nature, et se proclame satisfait plutôt que d'a-
vouer son impuissance !

La nouvelle classification que nous soumettons à l'observation des observateurs judicieux n'est pas seulement
homogène dans son principe, la génération, mais bien
plus encore par son mode de division, la dichotomie.
Cette dichotomie, ou division en deux, la plus simple
de toutes, celle à laquelle peuvent être ramenées toutes
les autres, se poursuit jusque dans les divisions les plus
reculées. C'est au moyen de ce diviseur simple et homogène que nous sommes arrivé à aplanir les difficultés signalées par les plus éminents naturalistes ; nous
en citerons un exemple tiré de la famille des Mammifè-

res, caractérisée par son incubation intérieure. Nous la divisons d'abord en deux groupes, suivant que l'organe incubateur, la matrice, est double ou simple.

Les animaux à double matrice. les Ornithodelphes, les Marsupiaux et les Rongeurs, appartiennent à des ordres différents, et sont classés dans des places distantes. En réunissant ces trois groupes sous la même désignation d'animaux à double matrice, et en les classant à la fin des Mammifères, entre eux et les Oiseaux, nous satisfaisons au vœu exprimé par tous les naturalistes, à quelque branche de la science qu'ils appartiennent.

Anatomistes, physiologistes, embryonégistes, tous leurs travaux ont en effet pour but de réclamer cette position, qu'aucun d'eux cependant, manquant des premières données, n'avait osé désigner.

Les Rongeurs, en effet, ne ressemblent pas seulement aux Oiseaux par leur appareil générateur, par la persistance de la vésicule ombilicale, par leur aptitude à la nidification, mais plus encore par leur haute température et la vivacité de leurs mouvements, qui, dans ces derniers temps, leur a valu le nom de *célérigrades*.

Cette célérité est en effet si remarquable chez certains Rongeurs, tels que l'Écureuil, le Loir, le Polatouche, que leur locomotion, par sa ressemblance avec le vol des oiseaux, motiverait à elle seule la place transitoire que nous leur assignons.

D'un autre côté, le second embranchement des Mammifères, celui dont l'incubation s'opère dans une seule matrice, ne renferme plus maintenant que les animaux connus sous les noms d'herbivores, de carnivores et d'omnivores. Cette division en trois groupes de l'ordre le plus élevé de la création nous avait d'abord paru si naturelle, qu'elle figurait dans nos premières ébauches de classification ; mais il nous répugnait de produire un travail se recommandant surtout par son unité de division, la dichotomie, lorsque la classe la plus élevée contrastait ainsi par sa division en trois, et bien plus encore parce qu'elle empruntait sa base aux appareils de la nutrition, dont le rôle est évidemment secondaire.

C'est en cherchant à faire disparaître cette irrégularité qu'il nous vint à l'esprit d'avoir recours aux formes du placenta pour diviser cet embranchement en deux ordres : les animaux à placenta multiple ou diffus et ceux à placenta unique, suivant que les cotylédons qui composent cet organe sont séparés ou réunis, et suivant qu'ils occupent tout ou partie de la surface de l'œuf.

Cette nouvelle disposition n'eut pas seulement pour but de se prêter à nos principes unitaires de classification, mais encore de satisfaire aux exigences d'une loi plus importante, celle de l'emboîtement des divers groupes dont se compose le règne animal.

La plupart des zoologistes se sont efforcés de faire comprendre la série animale, autrement dit, la hiérarchie des êtres, à l'aide de procédés plus ou moins ingénieux dont l'insuffisance est aujourd'hui plus que démontrée par leurs discussions, auxquelles nous espérons pouvoir mettre fin au moyen de ce nouveau mode d'emboîtement.

Ce procédé consiste simplement à superposer, selon leurs affinités génératrices, les animaux de chaque division sur autant de triangles ou pyramides creuses dont l'emboîtement successif, en établissant de nouveaux rapports, jette une vive clarté sur la zooclassie.

La pénétration de ces cônes animés, en rapprochant de l'homme les familles placées à leurs sommets, nous permet d'expliquer la projection si marquée vers l'espèce humaine que font quelques animaux privilégiés de la série, et qui les transforme ainsi en clef de voûte, en resserrant les anneaux d'une chaîne si souvent interrompue.

C'est à la faveur de cet emboîtement qu'il nous sera

permis de comprendre dans la génération spontanée ou illimitée la présence d'animaux dont la reproduction, comme celle du ver solitaire, est aussi restreinte que possible, régie qu'elle est par la même loi numérique qui préside à l'entretien de notre espèce.

La fissiparité (Zoophytes) possède une famille, celle des Echinodermes (Oursins, Holothurides), dont les membres sont pourvus d'organes sexuels sans qu'il y ait cependant encore possibilité d'accouplement.

Le troisième mode reproducteur, l'hermaphrodisme, renferme, en raison de cet emboîtement et de cette projection, une famille, celle des Céphalopodes (Poulpe, Sèche, Calmar), dont les sexes sont séparés sur deux individus distincts soumis à un accouplement semblable à celui des animaux les plus élevés de la série.

Le quatrième mode générateur, celui des animaux à sexualité complète produisant un œuf incomplet ou à métamorphoses (Articulés), est bien autrement rehaussée par les sociétés des abeilles et des fourmis, dont le merveilleux ensemble, si bien observé par Huber, prélude avec tant d'harmonie à nos diverses formes sociales; et, de même qu'il nous sera facile de démontrer la supériorité organique de la fourmi, dont les mœurs sont essentiellement républicaines, comparées aux habitudes monarchiques des abeilles, de même, lorsque nous traiterons des races humaines, nous ferons ressortir l'élévation affective et individuelle des nations affranchies de la forme monarchique, ainsi que de celles dont tous les efforts tendent à y arriver, comparées aux races inféodées à cet état.

La projection manifestée dans les organismes placés au sommet du cinquième mode reproducteur dépasse tellement tout ce que nous avons signalé jusqu'ici, qu'elle nous révèle un progrès d'un nouveau genre; ne pouvons-nous pas, en effet, considérer le cinquième mode reproducteur comme le premier véritablement zoologique, les quatre précédents appartenant en même temps au règne végétal ?

L'importance de ce cinquième mode de la reproduction, caractérisé par un œuf complet à fécondation extérieure, est d'autant mieux rehaussée par les Batraciens anoures, que les animaux qui composent cette famille, par leur peau nue et leur absence de prolongement caudal, se rapprochent tellement de notre espèce, qu'à peine quelques individus (l'Eléphant, les Singes anoures) viendront-ils s'interposer sous ce rapport entre eux et nous.

Si les Batraciens naissent à l'état de poisson et sont obligés d'emprunter au mode précédent la métamorphose qui doit les élever à cette hauteur, cette transformation une fois accomplie, de combien ne dépassent-ils pas les animaux dont ils abandonnent la forme, tant par le bruit laryngien qu'ils font entendre que par l'extrême développement de leurs membres thoraciques et pelviens, dont la ressemblance avec les nôtres devient telle, que M. de Blainville en a lui-même établi le rapprochement dans ses *Leçons d'anatomie comparée.* Ce bruit laryngien, cette voie connue sous le nom de croassement, est d'autant plus remarquable qu'elle résonne pour la première fois et s'élève pour ainsi dire de l'empire muet des eaux.

Le Pipa, ce singulier batracien de l'Amérique du Sud, dont les petits, à l'instar de ceux des Mammifères, se développent dans une sorte de matrice représentée par la peau phlogosée du dos de l'animal, ne vient-il pas admirablement clore cette projection si inattendue ?

Le sixième mode reproducteur est couronné par l'incubation maternelle des oiseaux, ce mystère affectif par excellence, dont l'empiètement sur l'espèce humaine est si considérable qu'il ne s'interpose plus rien d'aussi élevé. Le chant, autrement dit la voix chantée ou affective dont il s'accompagne, ne semble-t-il pas, par les flots d'harmonie qu'il répand, en réveillant la nature, l'accuser de son mutisme si longtemps prolongé, et nous préparer en même temps à cet autre phénomène plus saisissant encore d'humanité, la parole qu'articule le Perroquet, ce préhenseur dont la position au sommet des oiseaux avait été si longtemps méconnue?

Le septième mode générateur, celui dont l'incubation intérieure s'opère dans deux matrices (didelphes), est rehaussé par le Loir, le Polatouche, l'Ecureuil, dont la préhension s'exécute à l'aide de deux mains armées chacune d'un rudiment de pouce, ce doigt caractéristique des Primates.

Le huitième type de la génération, celui dont la connexion du fœtus à la mère s'opère à l'aide d'un placenta multiple, pouvait-il être plus heureusement couronné que par l'Eléphant, ce gigantesque herbivore, si remarquable par son éducabilité, son intelligence et sa longévité? cet animal dont le merveilleux instrument, la trompe, représente si utilement la main, et dont les mamelles pectorales, à l'instar des nôtres, contrastent si singulièrement avec la position qu'elles occupent chez les autres animaux du même ordre?

Enfin, le neuvième mode reproducteur, l'avant-dernier, puisqu'il nous précède, caractérisé par ses mamelles multiples et ventrales, pouvait-il être mieux présidé que par le chef des Plantigrades, l'Ours, dont l'*humanité* si frappante n'a échappé à aucun observateur, et ressort de l'expression même de Plantigrades, sous laquelle ces animaux sont désignés depuis longtemps?

Si la disposition zoologique que nous cherchons à faire prévaloir est vraie, si elle traduit exactement les affinités de la nature, il ne suffit pas que les chefs des groupes ainsi emboîtés se dessinent par des caractères humains non équivoques, il faut encore que les animaux placés à leurs bases se fassent remarquer par une projection inverse, par leur tendance à reproduire les derniers modes de la génération.

N'est-ce pas là, en effet, ce qui nous servira à expliquer la présence, au début de l'hermaphrodisme, des multivalves et de certains bivalves, animaux dont les deux sexes ont entre eux une telle ressemblance, que les plus célèbres micrographes ne peuvent les distinguer que par leurs produits (œuf ou zoospermes); ainsi que la présence des Annélides, animaux hermaphrodites s'il en fut, au début de la famille des Articulés, dont le caractère essentiel est la sexualité complète produisant un œuf incomplet ou à métamorphoses. Nous citerons, parmi les Annélides, la Sangsue, dont l'œuf, deux fois multiple, cumule pour ainsi dire les caractères d'infériorité, et les Naïades, ne pouvant se reproduire par un œuf qu'après avoir subi plusieurs fois la reproduction fissipare ; et enfin ce ver de terre que les belles expériences de Réaumur et de Charles Bonnet ont fait en quelque sorte rétrograder jusqu'à la fissiparité.

L'obscurité qui enveloppe encore la génération des Anguilles, malgré les récentes découvertes dont la science s'est enrichie, cessera de nous surprendre lorsque nous aurons démontré la supériorité des poissons cartilagineux sur les poissons osseux, et par conséquent la place déclive de l'Anguille dans ce cinquième mode reproducteur ; et si la reproduction de ces animaux a été pendant aussi longtemps considérée comme une génération spontanée, provenant de la décomposition de la vase, ne pouvons-nous pas en conclure en faveur de la loi que nous cherchons à développer ?

Le sixième mode reproducteur (œuf complet à incubation extérieure), si merveilleusement rehaussé par le Perroquet, ce préhenseur privilégié par son imitation des gestes et de la voix de l'homme, pouvait-il débuter par des formes plus rudimentaires que celles des Serpents, ces Annélides ou Myriapodes vertébrés dont la vie tout

entière est si complétement soumise aux influences atmosphériques qu'ils nous rappellent encore le règne
végétal?

Les Ornithodelphes, ces deux singuliers Mammifères,
si voisins des oiseaux par leur organisation et le mode
de nutrition de leurs embryons, pouvaient-ils venir plus
à propos combler le vide, en refoulant la viviparité jusque dans l'oviparité?

Les animaux dont l'incubation s'opère dans une seule
matrice sont soumis, à l'origine, à une nourriture exclusivement végétale, et le plus dégradé de ces herbivores, le ruminant, est condamné à manger une seconde
fois son aliment.

Quant aux Carnassiers (mamelles multiples), ces animaux superbes, rehaussés par le Lion et l'Ours, ces deux
rois de la création, pouvaient-ils être plus rabaissés que
par l'Hyène, dont l'aspect et les mœurs sont pour nous
l'objet d'une si grande répulsion, ainsi que par les édentés et les insectivores, ces plantigrades à peine ébauchés, dont la plupart des appareils se font remarquer
par un tel aspect d'infériorité, que le Hérisson, par ses
piquants, nous rappelle les derniers des Mammifères
(Porc-épic, Echidné). Les Fourmiliers, par leur absence
complète de dents et leur estomac musculeux garni de
pierres, nous reportent jusqu'aux oiseaux; et enfin les
Tatous, le Pangolin ou Lézard écailleux, par leur carapace ou têt écailleux, ne nous simulent-ils pas de véritables Reptiles (Tortues, Lézards). Tous ces animaux se
nourrissent d'insectes ou de cadavres; ils sont nocturnes, paresseux, lents; ils vivent dans l'obscurité, au
fond de terriers qu'ils se creusent avec leurs larges ongles, toujours au nombre de cinq, même aux extrémités
postérieures. Tout l'ensemble de leur économie est empreint d'un cachet de dégradation si marqué et cependant si incompris de la plupart des zoologistes, que ces
animaux sont tenus à l'écart des autres groupes dans

des ordres (Edentés, Insectivores) pour ainsi dire errants, sans cohésion, sans affinité aucune avec ceux qui les suivent ou les précèdent, et cependant ils sont bien réellement des Plantigrades.

Et enfin le dixième mode reproducteur, le plus élevé de tous, puisqu'il ne donnera plus naissance qu'à un seul petit, et qu'il est caractérisé par une seule paire de mamelles, devenues pectorales au sommet afin de permettre la plus complète communication intellectuelle entre la mère et son nourrisson, ce mode, dis-je, pouvait-il être plus heureusement ébauché que par cette nombreuse et intéressante famille des Mammifères aquatiques, dont l'ordre le plus élémentaire, celui des Cétacés, d'abord confondu avec les Poissons, est encore refoulé par tous les zoologistes à la place la plus déclive des Mammifères, comme servant de transition aux Oiseaux.

Si rapide qu'il soit, cet examen nous permet déjà de saisir la solidarité qui existe entre les trois grands pivots sur lesquels repose cette nouvelle constitution zoologique, dont la progression continue depuis l'être spontané jusqu'à l'homme, marche toujours du simple au composé, contrairement à la plupart des classifications admises jusqu'à ce jour.

CHAPITRE II.

DES DIVERSES FORMES QU'AFFECTE LA REPRODUCTION DANS LA SÉRIE ZOOLOGIQUE

La vie de la reproduction est destinée, par la propagation des individus, à maintenir l'espèce et à combler le vide que la mort produisait inévitablement.

En continuant l'œuvre du Créateur, elle conserve l'équilibre et l'harmonie dans l'ensemble des êtres qui animent la surface de notre planète.

La génération spontanée, la première manifestation
de cette importante fonction, a permis à Burdach de séparer le règne organique en deux grandes coupes primitives, l'hétérogénie et l'homogénie.

1° De l'hétérogénie.

La première forme reproductive, l'hétérogénie, renferme tous les êtres dépourvus de parents, ou, pour
mieux dire, dont les parents diffèrent des produits;
nous lui conserverons le nom de génération spontanée
ou primitive, laissant de côté ceux de génération obs-
cure ou équivoque, qui désormais ne doivent plus servir
qu'à rappeler les contestations que ce mode générateur
a soulevées.

Nous rougissons pour notre siècle, à la seule pensée
qu'une forme reproductive, si simple et si naturelle,
soit de nos jours encore l'objet de si brûlantes discussions de la part des physiologistes et de théologiens célèbres.

La génération spontanée est placée au commencement
des deux séries, botanique et zoologique, sous lesquelles se traduit le règne organique, comme un flam-
beau précurseur destiné à éclairer les questions si com-
plexes et encore si obscures de la reproduction et de
l'entretien des organismes les plus élevés.

La génération spontanée zoologique nous occupera
seule dans ce travail. Les êtres qu'elle reproduit se présentent sous deux formes bien distinctes :

Les infusoires, se développant dans les liquides où
infusent des matières organiques en décomposition, et
les parasites ne prenant vie que dans les corps d'animaux plus élevés.

Les infusoires portent le nom de microscopiques
parce qu'ils sont si petits qu'ils ne peuvent être vus à
l'œil nu. Aussi leur découverte remonte-t-elle à l'in-

vention du microscope et fait-elle également honneur à Leeuwenhoek.

Les infusoires se distinguent aussi par leur nombre, qu'aucun chiffre ne saurait exprimer, leur génération n'étant limitée que par la circonscription des vases où elle s'opère : aussi leur conservons-nous le nom de génération illimitée, par opposition à celle des parasites, dont le nombre est toujours limité.

Si les êtres spontanés, considérés au point de vue de la fissiparité ou de la sexualité, sont dépourvus de parents, nous ne pouvons cependant pas nous dispenser d'envisager comme tels les circonstances au milieu desquelles ils se produisent, et qui, par cela même, méritent à un si haut degré de fixer notre attention.

Ces causes génératrices qui président à toute génération spontanée, et que nous pouvons reproduire à volonté, ne sont-elles pas plus intéressantes, plus utiles, surtout dans l'application de la médecine, que l'étude de l'organisation de ces êtres si homogènes, et que cependant quelques micrographes ont compliquée comme à plaisir, en leur créant des organes (estomac, œil, testicule) qu'assurément ces animaux ne possèdent pas.

2° De l'homogénie.

Comme son nom l'indique, la génération homogène est toujours opérée par un ou plusieurs individus semblables aux produits (parents). Cette parenté ou cette ressemblance se présente d'abord à son état le moins élevé, un seul individu suffit à la reproduction de son semblable, et cette reproduction a lieu par le procédé le plus simple, la division (fissiparité).

Elle s'élève ensuite à sa plus haute puissance d'individualité (la sexualité), se dédouble, et chacun des deux individus, appelés à fonctionner pour un même résul-

tat, est caractérisé par un organe producteur spécial
(ovaire ou testicule) dont les produits (œuf ou zoosperme) doivent se réunir pour donner naissance à un
nouvel être. Cette grande division embrasse tous les
animaux, depuis l'éponge jusqu'à l'homme ; elle se distingue en deux embranchements, suivant que la reproduction est fissipare ou sexuelle.

De l'homogénie fissipare (fissiparité).

Cette première forme de l'homogénie est d'abord
opérée par les modes végétatifs les plus rudimentaires
(fragment, bouture, bourgeon, bulbille et stolon).

Dans ce cas, l'individualité n'existe pas encore ; les
produits sont réunis, agrégés, et offrent tant de ressemblance avec les végétaux, qu'ils ont été considérés comme
tels jusque dans ces derniers temps (plantes marines).
Leur organisation est aussi simple que possible ; la matière affecte encore l'indifférence la plus complète ; le
bourgeonnement ou la segmentation s'opèrent indis-
tinctement sur toutes les parties de l'animal, sans qu'il
y ait encore de lieu d'élection (Zoophytes).

Les parties de l'animal appelées à produire le bourgeon se localisent ensuite de façon à revêtir la forme
d'un organe sécréteur particulier, simulant déjà l'o-
vaire, et dont le produit se présentera sous la forme
d'un œuf ; dans ce cas, l'individualité se manifeste pour
la première fois. Nous désignerons ces animaux sous le
nom de Fissipares libres, par opposition aux précédents
ou agréges, au sommet desquels ils se placent naturellement.

Ces Fissipares libres ne sont plus condamnés, comme
les agréges, à se mouvoir en place ; ils peuvent chan-
ger de lieu, mais seulement par une contraction tout à
fait élémentaire (Méduses) ou par des ambulacres sans
nombre (Etoile de mer, Oursins).

2

De l'homogénie sexuelle (sexualité).

Les deux sexes, où les deux organes appelés à les caractériser (ovaire, testicule), sont d'abord réunis sur un même individu ou parent, pour s'individualiser ensuite eux-mêmes ; ce qui nous conduit à diviser la sexualité en complète et en incomplète.

De la sexualité incomplète (hermaphrodisme, Mollusques).

Dans la sexualité incomplète ou à l'état d'ébauche, l'individualité sexuelle n'existe pas encore. Les deux sexes, ou plutôt les deux organes appelés à les représenter, sont encore réunis sur le même individu ; ils sont d'abord si peu distincts, qu'il n'est souvent possible de les reconnaître qu'à leurs produits (œuf ou zoosperme). Cette première catégorie comprend les Mollusques à plusieurs coquilles (multivalves et bivalves). Comme ces animaux se suffisent, ils n'ont pas besoin de se rechercher ; privés d'organes locomoteurs, ils sont encore attachés au sol comme les végétaux.

Les organes sexuels (ovaire, testicule) se distinguent ensuite, s'individualisent en quelque sorte, tout en restant réunis sur le même individu (univalves), ils ne peuvent plus s'unir. Chez ces animaux, la reproduction ne peut avoir lieu qu'à l'aide d'un double accouplement, opéré par la rencontre de deux individus faisant chacun à la fois office de mâle et de femelle.

Enfin, chez les plus élevés de cette division (Céphalopodes), l'un des deux sexes s'efface au point de nous offrir déjà un exemple de sexualité complète.

Ces ébauches sexuelles nous conduisent à diviser ces animaux en suffisants et en insuffisants.

De la sexualité complète.

Dans ce quatrième et dernier grand mode reproducteur, le plus élevé de la création, non-seulement les deux
organes sexuels sont plus distincts que dans le précédent, mais encore ils sont séparés sur deux êtres différents, qu'ils élèvent ainsi au plus haut rang de l'individualité, en les caractérisant comme sexe mâle ou
sexe femelle.

Si dans cet ensemble zoologique, correspondant aux
Articulés et aux Vertébrés, l'ordre des Annélides paraît
déroger à cette grande loi de l'individualité sexuelle, ce
n'est qu'à la condition d'en occuper le rang le plus déclive, et de satisfaire ainsi aux exigences de l'importante
loi des emboitements, en refoulant les derniers degrés
de la sexualité complète jusque dans la sexualité incomplète, dont le sommet, représenté par les Céphalopodes
et quelques Gastéropodes à sexes séparés, empiète en
sens inverse dans le domaine de la sexualité complète.

Le rapprochement de ces deux sexes séparés est
désormais indispensable pour la fécondation de l'œuf
dont la présence devient si caractéristique dans toute
cette grande division zoologique.

Cette rencontre, ou plutôt cette recherche de deux
individus différents (mâle et femelle), est favorisée par
un système locomoteur, ainsi que par des appareils sensoriaux, dont la symétrie est si complète, même chez
les moins élevés, qu'elle suffirait à elle seule pour distinguer les organismes qu'elle caractérise si bien de
ceux des modes sous-jacents.

Ce quatrième mode reproducteur embrasse tous les
animaux compris dans les deux grands embranchements
des Articulés et des Vertébrés, moins toutefois les Cir-
rhopodes, ces hermaphrodites suffisants et par consé-

quent adhérents au sol, dont l'association avec les Crustacés nous offre un des abus les plus choquants de l'emploi d'un système secondaire tel que le système nerveux pour l'établissement des divisions primordiales dans la série zoologique.

Tous les animaux compris dans ce grand mode reproducteur se séparent en deux groupes naturels, suivant que l'œuf dont ils proviennent est plus ou moins complétement organisé; ou, en d'autres termes, suivant que le petit auquel cet œuf donne naissance ressemble plus ou moins immédiatement à ses parents.

De l'œuf incomplet ou à métamorphoses.

Tout en appartenant au mode reproducteur le plus élevé, les animaux qui composent cette première division de la sexualité complète nous indiquent assez par l'état d'ébauche organique sous lequel ils se montrent à leur première naissance, ainsi que par les transformations qu'ils sont obligés de subir pour atteindre leur perfection, qu'ils doivent occuper le dernier rang d'une grande division zoologique, et que l'œuf dont ils proviennent n'est pas encore complétement organisé.

Aussi les organes producteurs de cet œuf incomplet, les ovaires et les testicules, malgré le cachet d'individualité sexuelle qu'ils impriment à cette première division de la sexualité complète, ont-ils encore entre eux une telle ressemblance qu'il n'est souvent possible de les distinguer que par leur produit (œuf ou zoospermes), comme dans le mode sous-jacent dont ils rappellent encore une des formes (l'hermaphrodisme insuffisant), ainsi que quelques exemples de fissiparité générale ou partielle dans les rangs les moins élevés, représentés par les Annélides ou les Crustacés.

Cette infériorité organique des ovaires et des testicnles ne se traduit pas seulement par l'homogénéité de leur forme et de leur texture, mais bien plus encore par la multiplicité que ces organes affectent chez tous les animaux des divers ordres qui composent cette première division de la sexualité complète, même chez les plus élevés, chez les Insectes.

Cet état multiple, sous lequel se montrent au début de la sexualité complète ces tubes ovipares et séminipares, mérite au plus haut point de fixer notre attention par le cachet d'infériorité qu'il imprime à tout cet ensemble zoologique, dont la fécondité démesurée, même chez les plus élevés des insectes (Abeilles, Termites, Fourmis), ne peut s'expliquer autrement. Ne dirait-on pas en effet que cette division du système nerveux central en autant de ganglions ou cerveaux rudimentaires que le corps de l'animal présente de segments, ces organes des sens multiples ou composés (vue, audition et olfaction, yeux, antennes et stigmates), cet appareil respirateur multiple, ces pièces si nombreuses situées à l'entrée du tube digestif, et enfin cette profusion d'articulations caractérisant si bien tous les animaux de cet embranchement qu'elle leur a valu la dénomination si accréditée d'Articulés, ne dirait-on pas en un mot que toute cette multiplication organique et fonctionnelle des appareils de la relation et de la nutrition n'a d'autre but, en rivalisant avec la division des organes sexuels, que de compléter le cachet d'infériorité primitivement imprimé par ces derniers à tous les membres de cette première grande division de la sexualité complète (métamorphose) déjà caractérisée par son œuf incomplet.

La définition de l'œuf incomplet peut du reste nous faire pressentir le rôle important dévolu à la métamorphose dans tout cet embranchement zoologique, puisque ce n'est qu'à la faveur de cet acte complémentaire que l'organisation transformée acquiert le degré de perfection propre à lui assigner son rang définitif, plus ou moins élevé, suivant que cette métamorphose est elle-même plus ou moins complète.

Les Annélides, par exemple, dont la métamorphose est si peu marquée que la plupart des observateurs l'ont méconnue, conservent toute leur vie leur forme primitive de ver, et occuperont par conséquent le rang le plus déclive dans cette hiérarchie des ordres caractérisés par un œuf incomplet ; pendant que les insectes, qui naissent également sous la forme de ver, et dont la métamorphose est au contraire si complète qu'elle a souvent induit les naturalistes en erreur, occuperont le sommet de ce grand ensemble.

Ainsi donc, en résumé, la métamorphose, par le rôle important qu'elle remplit dans l'économie de ces nombreux animaux, caractérisés par un œuf incomplet, se présente naturellement pour les séparer en deux groupes distincts, suivant qu'elle est simple ou multiple.

La forme la plus élémentaire, la métamorphose multiple, appartient à tous les animaux connus sous les noms d'Annélides, de Crustacés et d'Arachnides.

Chez tous les animaux compris dans ce groupe inférieur de la métamorphose, non-seulement les organes sexuels primitifs, les ovaires et les testicules, sont toujours multiples, mais l'ensemble de l'appareil générateur lui-même est complétement double, excepté chez les plus élevés des Arachnides, qui, par cette projection, font chevaucher la métamorphose multiple dans la métamorphose unique ; tandis que, dans la classe des insectes dont l'empiétement inverse s'opère par les Myriapodes, en même temps que la métamorphose s'élève et se simplifie, l'appareil sexuel entier suit le même mouvement.

De la sexualité complète, produisant un œuf complet.

L'appareil générateur ne peut atteindre ce double

complément organique sans que l'économie tout entière
ne s'élève à une hauteur proportionnelle.

Les appareils de la relation et de la nutrition, jusqu'ici
à l'état confus, multiple ou homogène. se localisent en
même temps qu'ils se simplifient et se spécialisent de
plus en plus.

Le système nerveux central dépouille la forme multiple qu'il affectait dans le mode reproducteur sous-jacent pour revêtir la forme la plus élevée qu'il soit appelé
à atteindre.

Ce renflement nerveux, connu sous le nom d'axe cérébro-spinal, et dont le rôle domine dans l'économie de
tous les animaux qui composent cette grande division
zoologique, existe non-seulement à leur naissance, mais
dès les premiers instants de l'incubation, où il apparaît
sous la forme d'un linéament connu sous le nom de
ligne ou gouttière primitive.

Cette ligne primitive, ce rudiment de l'axe cérébro-
spinal, destiné par son élévation successive à produire
le cerveau de l'homme, ce *nec plus ultra* organique dont
les facultés nous permettent d'embrasser la création et
de nous élever jusqu'à sa cause, est tellement caractéristique dans toute cette division (sexualité complète à
œuf complet) qu'elle lui a valu le nom si accrédité de
Vertébrés.

Ce renflement cérébral, en même temps qu'il est protégé par un grand nombre de sens, n'est plus desservi
que par deux paires de membres. Cette réduction des
agents principaux de la locomotion, coïncidant avec une
augmentation des organes de sensations spéciales, dé-
pouillés pour toujours de leurs formes multiples, nous
indique la hauteur organique à laquelle nous atteignons.

L'appareil respirateur, toujours simple et localisé.
acquiert un développement guttural tellement remarquable que, par la phonation dont il est le siége. il

s'associe à l'organe cérébral et devient un de ses plus puissants auxiliaires pour l'émission de la pensée.

Cette localisation de la respiration sur un point circonscrit de l'économie exige une disposition plus complète et plus élevée dans les organes de la circulation.

L'appareil digestif nous présente également dans son ensemble, ainsi que dans chacune des sections dont il se compose, une spécialisation qui le distingue de celui des modes sous-jacents, et parfaitement en rapport avec la nutrition plus élevée qu'exige un organisme parvenu à son plus haut degré de complication.

Enfin, l'économie se complète par l'addition d'un système nouveau d'absorption et de dépuration.

L'œuf complet renfermant, comme son nom l'indique, le germe de l'organisation la plus élevée, nous oblige à recourir à ses différents modes de fécondation et d'incubation, afin de pouvoir continuer la distinction des animaux encore si nombreux auxquels il donne naissance.

La première de ces deux opérations génératrices, la fécondation, a d'abord lieu au dehors de la mère et ensuite au dedans.

De la fécondation extérieure de l'œuf complet.

La fécondation extérieure ne pouvant s'opérer sans l'intermédiaire d'un liquide, la vie des animaux, que cet acte inférieur de la reproduction caractérise si bien, sera forcément soumise aux conditions restreintes de l'aquaticité; et si quelques-uns, par un simulacre de retour à la métamorphose, acquièrent une organisation supérieure à la faveur de laquelle ils pourront sortir du milieu où ils sont éclos, ce n'est qu'à la condition de vivre dans des lieux humides et de regagner forcément le lieu de leur naissance au moment des amours.

Ce mode inférieur de la fécondation nous indique d'avance que les sexes n'auront entre eux que des rapports peu directs ; le mâle, en effet, se contentera le plus souvent du produit déposé par la femelle, aussi les facultés affectives et intellectuelles, ainsi que leur facteur le cerveau, revêtiront des formes peu élevées.

Cet état naissant de l'organe principal de l'innervation nous rappelle encore, par le nombre et la distinction des renflements dont il se compose, le double chapelet ganglionnaire du mode reproducteur sous-jacent (œuf incomplet). Avec un organe central aussi rudimentaire, la partie périphérique de l'appareil sensorial ne peut être représentée par des sens élevés ; aussi les voyons-nous tous encore réduits à leur partie essentielle, leur partie sensitive seulement, ils ne sont encore ni perfectionnés ni protégés ; ils n'en ont pas besoin, le milieu dans lequel ils fonctionnent y suppléant.

La peau adhérente à la couche musculaire sous-jacente n'est pas encore munie de son organe protecteur (l'épiderme), une couche de sécrétion muqueuse en tient lieu.

L'œil ne peut se dérober à la lumière, dépourvu qu'il est de paupières. L'oreille est à peine accusée à l'extérieur chez les plus élevés, et seulement après leurs métamorphoses.

La manière subite dont s'opère la déglutition exclut toute idée de dégustation.

Quant à l'olfaction, elle a son siége à la face, il est vrai, mais elle n'est encore représentée le plus souvent que par un sac à une seule ouverture ; elle ne commence à se mettre en communication avec les voies respiratoires que chez les plus élevés des Amphibiens.

La disposition de l'organe affecté à cette sensation diffère peu de celle des branchies.

Cette ressemblance organique de deux appareils distincts entraîne forcément une similitude d'action.

Les deux membranes olfactives et respiratrices ont en

effet le double rôle de séparer l'air contenu dans l'eau et d'en extraire, l'une l'oxigène, et l'autre les molécules odorantes.

La locomotion, en majeure partie confiée à la queue, est opérée par les agents les plus homogènes. Les membres, représentés par de simples expansions membraneuses, sont encore réduits le plus souvent à diriger le mouvement imprimé par le prolongement caudal, excepté chez les Batraciens, et seulement après leur métamorphose.

La fécondation extérieure s'effectue de deux manières différentes : ou après la ponte, comme chez le plus grand nombre des Poissons, et elle est alors complétement extérieure ; ou pendant la ponte, comme chez les Batraciens, et, dans ce cas, elle présente la transition à la fécondation intérieure.

En réunissant ainsi les Amphibiens aux poissons dans un même embranchement primitif, loin de heurter les idées reçues, nous ne faisons que satisfaire aux vœux exprimés par les plus célèbres anatomistes. De Blainville n'avait-il pas déjà, en 1816, dans les prodromes d'une nouvelle classification, proposé de séparer les Reptiles en deux sous-ordres, qu'il désignait sous les noms d'Ornithoïdes et d'Ichthyoïdes, afin de faire ressortir les affinités qui réunissent les premiers, ou Reptiles écailleux, aux Oiseaux, et les seconds, ou Amphibiens, aux Poissons? Les ovologistes et les embryogénistes ne viennent-ils pas de découvrir tout récemment que le développement du fœtus des Amphibiens, comme celui des Poissons, s'opère exclusivement aux dépens de la vésicule ombilicale? Aucun de ces animaux ne présente encore ni amnios ni allantoïde ; ils n'en ont pas besoin, leur incubation s'opérant également dans l'eau ou à sa surface.

Ainsi donc, en résumé, si l'œuf des Amphibiens, comme celui des Poissons, est pondu et fécondé dans

l'eau : si, chez les uns comme chez les autres, le développement de l'embryon s'opère exclusivement aux dépens de la vésicule ombilicale, qui, à partir de ce moment, sera toujours située sur la face ventrale (gastrom-
phalés); si les petits des Amphibiens naissent à l'état de
Poissons et respirent par des branchies pendant plusieurs semaines, quelques-uns même pendant toute leur
vie (pérennibranches), pourquoi maintenir plus longtemps séparées deux familles que réunissent de si nombreuses et de si radicales affinités?

De Blainville lui-même, tout en formant sa cinquième
division des Vertébrés avec les Amphibiens, désignés
sous le nom de Nudipellifères, ne fut-il pas plus tard
obligé de reconnaître que cette nouvelle classe, comparée à celle des Poissons, des Reptiles écailleux, des Oiseaux et des Mammifères, dont elle formait le pendant,
péchait par le trop petit nombre des individus qu'elle
renfermait? Ajoutons que les Amphibiens, en s'unissant
ainsi aux Poissons, au sommet desquels ils se placent,
complètent notre cinquième mode reproducteur, en tête
duquel une projection suffisante eût fait défaut, et que
la métamorphose, à l'aide de laquelle ils acquièrent ces
formes si élevées, ainsi que la fissiparité partielle dont
jouissent leurs membres mutilés, en faisant rétrograder
jusqu'aux modes reproducteurs les plus inférieurs la
division la plus déclive de la grande coupe des animaux
à œuf complet, satisfait entièrement à notre nouvelle loi
des emboîtements.

De la fécondation intérieure de l'œuf complet.

L'eau, si nécessaire à la fécondation extérieure qu'elle
nous a permis de conclure *à priori* à l'aquaticité des
animaux (Poissons amphibiens), que cet acte caractérise
si bien, sinon pendant toute leur vie, au moins pendant
ses premiers instants ainsi qu'au moment des amours :

cette eau, si indispensable à la fécondation extérieure, nuirait à l'accomplissement de la fécondation intérieure, à tel point que les nombreux animaux soumis à ce mode supérieur de la fécondation sont tous organisés pour une vie plus ou moins complétement aérienne, et ceux qui, par une dégradation sériale, reparaissent avec des mœurs aquatiques (Crocodiles, Tortues, Phoques, Cétacés), ceux-là même, malgré ce retour plus ou moins prononcé vers le mode sous-jacent, respirent l'air en nature et sont tous munis de poumons; les branchies sont effacées pour toujours.

Ces animaux respirant l'air en nature, leur développement ne peut plus s'opérer dans l'eau; aussi, pour y suppléer, leur embryon est-il enveloppé de bonne heure d'une couche de liquide, sécrétée par une membrane apparaissant pour la première fois, ainsi que d'un plexus destiné à l'oxigénation du sang.

Ces deux membranes de nouvelle formation, l'amnios et l'allantoïde, caractérisent si bien les Reptiles écailleux, les Oiseaux et les Mammifères, qu'elles ont déjà été employées dans ces derniers temps pour distinguer le groupe formé par ces trois familles de celui que représentent les Amphibiens réunis aux Poissons.

Si la fécondation extérieure a pu s'effectuer sans un grand développement affectif et intellectuel, il n'en sera plus de même de l'acte de la fécondation intérieure, pour l'accomplissement duquel le mâle est obligé d'aller à la recherche de sa femelle et d'employer les moyens de se l'approprier; aussi le cerveau, plus développé que dans le mode précédent, ne présente plus le même morcellement.

La locomotion suit le même mouvement progressif; chargée qu'elle est de mouvoir l'animal dans un milieu moins dense (l'air) et de le maintenir en équilibre sur une surface inégale (le sol), les membres, qui précédemment ne fonctionnaient que comme accessoires, vont acquérir un développement de plus en plus remarquable pendant que la queue s'effacera d'autant.

Ce prolongement caudal, appelé à disparaître complétement, ne viendra plus en aide aux membres que chez les animaux qui offriront un retour à l'aquaticité, ou chez ceux placés à la fin des ordres dont se compose cette grande division zoologique.

Cette locomotion terrestre est d'abord opérée chez les Reptiles les moins élevés par le rachis et les côtes, auxquels viennent s'ajouter les écailles ventrales, disposées à cet effet, pour les tranformer en véritables Annélides ou Myriapodes vertébrés ; puis nous voyons apparaître deux paires de membres à peine ébauchés, dirigés obliquement, de façon à pouvoir à peine détacher du sol le corps de l'animal.

Chez les Oiseaux, les membres, malgré leur élévation organique, sont encore inférieurs par leurs usages multiples de locomotion aérienne et terrestre, dont les plumes sont encore un adjuvent indispensable. Quant aux Mammifères, leurs extrémités sont plus élevées, réduites qu'elles sont à un seul genre de locomotion.

Le système locomoteur ne peut acquérir un degré de perfectionnement aussi prononcé sans que les appareils sensoriaux, dont l'action lui est si intimement liée, ne subissent un pareil mouvement ascensionnel ; aussi les voyons-nous toujours, même chez les moins élevés, chez les Ophidiens, pourvus d'un nouvel appareil protecteur plus ou moins perfectionné et complet, suivant l'élévation de l'animal, et toujours approprié au nouvel élément dans lequel ces sens doivent agir.

Appelée à être sans cesse en contact avec l'air, la surface cutanée ne tarderait pas à se dessécher si elle n'était enduite que d'une couche de mucosité comme chez les animaux mêmes les plus élevés de l'ordre précédent ; aussi se trouve-t-elle constamment protégée par une couche épidermique dont le développement est si remarquable, même chez les moins élevés, qu'il a permis de les distinguer dans ces derniers temps sous le nom de Reptiles écailleux, par opposition aux Amphibiens ou Nudipellifères.

Chez les Oiseaux ainsi que chez les Mammifères, cette sécrétion épidermique est moins épaisse et moins forte; mais, en revanche, elle s'accompagne d'un produit spécial et si caractéristique qu'il a pu servir à distinguer ces deux grandes familles l'une de l'autre (Pennifères et Pilifères). Le moins élevé de ces deux produits si caractéristiques est encore employé à des usages multiples; en même temps qu'il protège l'oiseau, dont il conserve la haute température par son inaptitude complète à conduire le calorique, il devient, par sa légèreté et par le grand développement qu'il acquiert dans certaines régions, un puissant auxiliaire de la locomotion. Chez les Mammifères, ce produit accessoire de la sécrétion épidermique ne sert plus qu'à la protection de l'animal; aussi verrons-nous le tégument revêtir son caractère d'organe sensorial particulier (le toucher) au fur et à mesure que les poils disparaîtront.

L'œil est toujours protégé, même chez les moins élevés, chez les Ophidiens, par un nouvel appareil de sécrétion destiné à entretenir à sa surface la couche de liquide indispensable à son action, et qui, chez les animaux de l'ordre précédent, était remplacé par le liquide ambiant; l'appareil palpébral ne tarde pas à s'ajouter aux voies lacrymales.

L'oreille ne recevant plus, comme chez les Poissons, ses vibrations par toute la surface du corps, n'est plus réduite à sa partie essentielle; elle se complique d'un appareil collecteur, destiné à localiser l'action sensitive en même temps qu'il s'approprie parfaitement au fluide élastique dans lequel il doit fonctionner.

Constamment appelé à respirer l'air en nature, l'appareil oxigénateur du sang offre toujours une dilata-

lion spéciale dont le jeu est favorisé par l'addition
d'arcs osseux, articulés sur le rachis et mus par une
couche intermédiaire de fibres musculaires croisées en
différents sens.

Pendant que l'organe principal de la respiration s'ins-
talle ainsi dans une dilatation particulière du corps, la
région gutturale, si développée dans l'ordre précédent,
se restreint d'autant plus qu'elle ne doit plus servir
qu'à livrer passage à la colonne d'air destinée à l'am-
poule pulmonaire. Cette partie gutturale de l'appareil
respirateur, tout en perdant de son volume, ne perd
rien de son importance par l'apparition, sur le trajet
de son tube aérien, d'un nouvel organe appelé à devenir,
par la phonation dont il est le siége, un des plus puissants auxiliaires du cerveau pour l'émission de la pensée. En même temps que l'appareil respirateur se perfectionne ainsi dans son organe principal, ainsi que dans
son conduit de communication avec l'atmosphère, il se
met en rapport avec la cavité olfactive, dont l'action lui
est désormais indispensable. Un appareil de nutrition
dont le mécanisme est aussi intimement lié aux fonctions de relation, ne pouvait manquer de porter l'empreinte de ces dernières; aussi le voyons-nous former
par sa symétrie un contraste frappant avec l'irrégularité si caractéristique des autres appareils nutritifs.

L'appareil digestif se distingue par une spécialisation
plus marquée de chacune des sections dont il se compose, et surtout par le perfectionnement de son ouverture céphalique, appelée à servir à la dégustation et plus
tard à l'articulation des sons.

Après avoir été fécondé dans l'intérieur de la mère,
l'œuf complet n'a plus qu'à parcourir les phases de son
incubation, dont les différents modes nous serviront à
distinguer les nombreux animaux auxquels il donnera
naissance.

Cette incubation de l'œuf complet, fécondé intérieurement, s'effectue de deux manières bien distinctes, suivant qu'elle a lieu au dehors ou au dedans de la mère.

De l'incubation extérieure (Reptiles, Oiseaux) de l'œuf complet fécondé intérieurement.

L'incubation extérieure de l'œuf complet, fécondé au dedans de la mère, est d'abord confiée à l'action des rayons du soleil et est dite alors complétement extérieure ou solaire, comme chez les Reptiles écailleux ; elle est ensuite opérée par la chaleur des parents, transmise par leur application directe sur les œufs, comme chez les Oiseaux ; dans ce cas, elle est appelée incubation maternelle.

L'incubation extérieure réunit donc les Reptiles écailleux et les Oiseaux dans un même embranchement primitif, le sixième de cette nouvelle classification. Les affinités qui réunissent ces deux familles avaient déjà été exprimées par John Hunter dans un Mémoire publié vers la fin du siècle dernier et intitulé : *De l'analogie qui existe entre les Oiseaux et la gent au cœur à trois cavités* (*three cavity hearted gentry*) connue sous le nom d'Amphibiens.

« Les poumons des Oiseaux, dit-il, s'ouvrent dans des cellules ou poches aériennes situées dans la cavité abdominale. Les poumons des Amphibiens se prolongent dans l'abdomen, ils sont celluleux à leur partie supérieure ; mais, chez la plupart, le Serpent, par exemple, ils se transforment à leur extrémité inférieure en poches lisses, répondant en quelque sorte aux mêmes usages que les poches abdominales des Oiseaux.

« Il n'existe, ni chez les uns ni chez les autres, de diaphragme proprement dit, mais les Oiseaux ont quelque chose qui y ressemble.

« Les reins sont placés dans ce qu'on peut appeler le

bassin dans les deux espèces ; ils y sont agglomérés d'une manière particulière ; les uretères se ramifient dans leur substance et communiquent avec le rectum. Chez beaucoup d'individus des deux espèces, l'urine est une substance calcaire, et chez d'autres, c'est une espèce de matière visqueuse. »

Nous pourrions continuer le tableau de ces analogies et offrir en même temps leur contraste avec le mode générateur précédent (fécondation extérieure) ; mais nous croyons, pour plus de clarté dans l'exposition de ce système, devoir nous borner à signaler les affinités radicales, celles dont les autres ne sont qu'une conséquence forcée.

En effet, ne suffit-il pas de l'énoncé de l'incubation solaire, par exemple, pour savoir que le développement de l'embryon qui lui est soumis subira des phases d'accélération ou de ralentissement, suivant que les influences atmosphériques seront plus ou moins favorables ? Tout l'ensemble de son économie devra donc être approprié à cet état de choses et se perpétuer ensuite pendant la vie entière de l'animal. Ce fait seul ne nous donne-t-il pas la clef de toute l'organisation des Reptiles, dont la vie est si complètement soumise à l'atmosphère ?

Quant à l'incubation maternelle, il serait superflu d'insister sur tout ce que cet acte renferme d'affectif ; son accomplissement suppose la mère douée d'une source de calorique dont l'intensité ne peut être obtenue que par une respiration double, comme celle qui caractérise si bien les Oiseaux, et qui nous révèle en même temps toute leur organisation, leur activité, leur puissance musculaire, leur légèreté, et de là leur aptitude à s'élever dans les airs.

De l'incubation intérieure de l'œuf complet fécondé intérieurement. (Mammifères).

L'œuf complet, dont l'incubation est opérée au dedans de la mère, diffère de l'œuf à incubation extérieure par son peu de volume, ainsi que par sa suspension dans une couche de liquide.

Une pareille réduction du vitellus, comparée à la hauteur organique, à laquelle nous atteignons, nous indique assez son insuffisance pour achever le développement de l'embryon; aussi voyons-nous apparaître un nouveau mode de nutrition embryonnaire pour l'accomplissement duquel l'oviducte reçoit de profondes modifications, dont les plus essentielles portent sur sa partie moyenne, ou poche de dépôt.

Cette poche de dépôt, ou réservoir incubateur, n'a pas seulement pour but de protéger l'embryon jusqu'au terme de son développement fœtal ou vitellin, comme il en existe des exemples dans la plupart des modes sous-jacents (Vipère, Salamandre, Sélacien); il est appelé à un rôle beaucoup plus élevé, celui de concourir à la formation d'une véritable greffe utéro-fœtale, à l'aide de laquelle l'embryon, après avoir épuisé son vitellus, continue à se développer aux dépens de la mère par une espèce de parasitisme.

Cette cavité importante, connue sous le nom de matrice ou d'utérus, éprouve, pendant la gestation, des changements dont l'intensité varie suivant le nombre des petits, et surtout en raison du temps de leur circulation.

La membrane muqueuse qui en tapisse l'intérieur est dépourvue d'épiderme; elle est douée d'une vascularité dont l'action est si intimement liée à celle des ovaires, que ceux-ci ne peuvent éprouver le moindre

mouvement fluxionnaire sans que cette membrane ne
laisse aussitôt échapper au-dehors une sécrétion san-
guinolente connue sous le nom de menstrues, et dont le
but principal est évidemment le rapprochement des
sexes, et par suite la fécondation des ovules prêts à se
détacher des ovaires. Ces ovules, fécondés et dégagés
de leurs vésicules ovariennes, s'engagent dans la partie
de l'oviducte intermédiaire à la matrice, et arrivent
dans celle-ci, où ils déterminent un travail de la plus
haute importance, dont le résultat définitif est de faire
communiquer l'embryon avec la mère par un lacis vasculaire, sorte de chevelu animal double connu sous le
nom de placenta. La muqueuse utérine est doublée par
une couche musculaire dont la contraction sert à l'ex-
pulsion du fœtus lors de sa maturité.

Nous proposons de séparer les animaux à incubation
intérieure en deux grandes sections primitives, que
nous désignons par les noms déjà connus de Didelphes
et de Monodelphes, suivant que leur matrice est double
ou unique.

DES DIDELPHES.

Animaux dont l'incubation s'opère dans une double matrice.
(Ornithodelphes, Marsupiaux et Rongeurs.)

Les premiers modes de l'incubation utérine, par cela
même qu'ils sont placés au commencement d'un grand
mode reproducteur, doivent nous présenter cette fonction à son état le plus élémentaire et empreinte encore
de la forme précédente; aussi ne sommes-nous pas surpris de trouver tout d'abord deux animaux, l'Echidné et
l'Ornithorhynque, dont les oviductes ressemblent si fort
à ceux du mode sous-jacent qu'ils excluent toute idée de
nutrition placentaire, et nous autorisent à affirmer que
les fœtus s'y développent exclusivement aux dépens du

vitellus, absolument comme chez les quelques rares
exemples de faux vivipares mêlés à l'oviparité et déjà
mentionnés (Vipère, Salamandre, Selaciens), avec cette
différence cependant que l'œuf des Ornithodelphes
étant beaucoup moins volumineux, son éclosion (qu'elle
ait lieu intérieurement ou extérieurement, la question
n'est pas encore bien résolue) donne naissance à un
avorton, pour l'alimentation duquel se montre pour la
première fois un organe de sécrétion, les mamelles,
dont le produit est on ne peut mieux approprié à cet
état de faiblesse de l'embryon.

Les Marsupiaux sont dans le même cas, malgré leur
double matrice en forme d'anse, sur la détermination de
laquelle les anatomistes se sont d'autant plus gravement
mépris, en la considérant comme un double vagin, que
la première manifestation d'un organe aussi important
ne pouvait se présenter à son état parfait. L'avortement
que subit le fœtus, ainsi que la présence de l'appareil
accessoire de la lactation, la poche marsupiale, dans
laquelle il est reçu à sa première naissance, au sortir
de ces tubes utérins qu'il n'a fait que traverser, nous
expliquent du reste suffisamment l'absence de rétrécissement à ces orifères utérins. Quant aux Rongeurs,
malgré leur placenta discoïde et leur double matrice
simulant assez la matrice unique et à cornes des animaux placés au-dessus pour que les anatomistes ne
l'aient pas suffisamment distinguée, ils ne sont pas
beaucoup mieux partagés, puisque leur incubation ne
se prolonge guère au-delà de celle des Oiseaux, et que
leurs petits sont mis au monde dans un état de nudité
et de faiblesse telles que, pour y suppléer, la mère est
encore obligée de construire un nid à l'instar des Oiseaux.

La première section des Didelphes ne possède jusqu'ici que deux animaux, l'Echidné et l'Ornithorhynque.
Ce petit groupe est connu, depuis son origine scientifi-

que, sous le nom de monotrème (μονος τρημα, un seul orifice) ; nous lui préférons celui plus récent d'Ornitho-
delphe (ορνις-θος, Oiseaux, et δελφυς, matrice), parce qu'il
exprime mieux l'affinité qui existe entre ces animaux et
les Oiseaux, et que d'ailleurs les Marsupiaux n'ont également qu'une seule ouverture commune aux conduits
urtéro-sexuel et digestif.

L'appareil génital femelle des Ornithodelphes est
double ; il se compose de deux ovaires, auxquels succè-
dent deux oviductes ouverts isolément par deux orifices
rétrécis, au voisinage des uretères, au fond du conduit
urétro-sexuel, ou vagin, lequel, après un court trajet,
débouche dans un vestibule ou cloaque en même temps
que le rectum.

Des deux ovaires, le droit est atrophié ; le gauche
seul présente à sa surface des saillies beaucoup moins
volumineuses, il est vrai, que chez les Oiseaux, mais
cependant encore assez prononcées pour donner à cet
ovaire l'aspect d'une grappe.

L'extrémité libre des deux oviductes n'est pas beaucoup plus élargie que le reste de leur canal ; son bord
libre ne présente pas encore de franges ; il est aussi
simple que celui des Oiseaux.

Cet appareil génital femelle des Ornithodelphes ne
diffère, en résumé, de celui de l'Oiseau que par sa duplicité, et encore cette duplicité est-elle purement organique ; elle n'atteint pas la fonction ; l'ovaire droit
n'étant pas développé, son oviducte reste sans action.
Cet appareil ne diffère donc de celui du jeune oiseau,
dont l'oviducte droit n'est pas encore atrophié, que par
la présence d'un commencement de conduit urétro-
sexuel, ou vagin, destiné à la copulation rudimentaire
de ces animaux.

La persistance, chez les Ornithodelphes, d'un second
oviducte, pendant que l'ovaire correspondant s'atrophie, ainsi que la présence des mamelles sur le sexe

mâle des mammifères les plus élevés des Monodelphes, ne témoignent-elles pas en faveur de l'importance du rôle dévolu aux organes reproducteurs pour la distinction des êtres si nombreux et si variés qui composent chacune des grandes sections de la série organique.

Une telle conformité d'organisation entre l'appareil sexuel femelle des Ornithodelphes et celui des animaux à incubation extérieure (Reptiles, Oiseaux) entraîne forcément une ressemblance fonctionnelle, que la question de viviparité des Ornithodelphes, en la supposant résolue, ne pourrait obscurcir. Et, en effet, n'avons-nous pas déjà signalé des exemples de viviparité mêlés aux différents ordres d'ovipares, chez lesquels le développement du fœtus est exclusivement opéré par le vitellus sans communication aucune avec la mère. Et d'ailleurs la viviparité des Ornithodelphes ne vient-elle pas à merveille rattacher à l'incubation intérieure ou utérine, à la viviparité proprement dite, ces deux singuliers métis, qui, par tant de points de leur organisation, sembleraient appartenir à l'incubation extérieure (Reptiles, Oiseaux).

Si la série des animaux à incubation utérine empiète ainsi sur l'incubation extérieure, par une sorte de pas rétrograde exécuté par la partie intérieure de l'appareil génital femelle des Ornithodelphes, hâtons-nous cependant de dire que ce même appareil, par sa seconde moitié, par sa partie extérieure visible, par ses mamelles, en un mot, appartient à la viviparité, ou, pour parler plus correctement, à l'incubation utérine, à laquelle il fixe définitivement ce groupe si surprenant qu'il avait d'abord reçu le nom de *paradoxal*.

La découverte des mamelles des Ornithodelphes fut un événement pour la science, aussi fait-elle époque dans la zoologie. Ces organes, si heureusement pressentis et annoncés par de Blainville dans un travail remarquable publié en 1812, furent seulement constatés

pour la première fois par Meckel, en 1824, sur un Ornithorhynque femelle pris au moment de la lactation.

Un organe appelé à remplir une fonction aussi importante, et doué d'une valeur caractéristique aussi
élevée, ne pouvait manquer d'attirer l'attention des
hommes sérieux, d'autant que les Ornithodelphes sont
si fortement imprégnés d'oviparité que leur position
déclive dans la série mammalogique ne pouvait embarrasser personne, et qu'ainsi les mamelles des Ornithodelphes offraient à l'anatomie comparée l'occasion d'é-
tudier l'organe de la sécrétion lactée sous sa forme la
moins élevée, à son état le plus élémentaire.

Ces organes sont en effet relégués dans les aines, où
leur action temporaire ne permet de les constater qu'au
moment de l'allaitement. Cette fonction une fois accomplie, ils s'effacent presque complétement, et encore,
pendant leur période d'activité, le lieu où convergent
les conduits lactifères n'est-il accusé que par un léger
enfoncement; il n'existe pas encore de mamelon: la
nature, si peu prodigue de tissus érectiles, y supplée
d'abord par un muscle peaucier qui enveloppe et com-
prime la glande pour en faire jaillir le lait, les mandi-
bules cornées du petit étant, du reste, assez mal disposées pour en opérer la succion.

Ces organes de la sécrétion lactée des Ornithodelphes
sont formés par des tubes clos à leur origine et imitant
des cœcums repliés à l'instar d'épididymes et ne com-
muniquant jamais entre eux.

La plupart des dispositions que nous avons signalées
dans l'appareil mammaire des Ornithodelphes le rapprochent de celui des Cétacés; seulement ces derniers
animaux, appartenant à un ordre plus élevé, ont leurs
conduits lactifères pourvus de granulations, et leur
mamelon, pour être caché au fond d'un sillon pendant
l'état de repos des mamelles, n'en devient pas moins
très-apparent lorsque celles-ci entrent en activité.

Dans cette hiérarchie génitale des animaux à incubation utérine, les plus voisins des Ornithodelphes sont évidemment les Marsupiaux.

La partie intérieure de l'appareil sexuel femelle est double et complétement symétrique dans toute cette famille. Les deux ovaires offrent un égal développement; seulement les vésicules sont moins saillantes à leur surface que sur celui des Ornithodelphes, ce qui nous éloigne déjà un peu de la forme en grappe des Oiseaux, et nous conduit insensiblement à l'ovaire des Monodelphes.

Les deux oviductes ressemblent entièrement à ceux des Ornithodelphes par leur structure, ainsi que par leur disposition extérieure ; mais, au lieu de s'ouvrir, comme chez ces derniers, dans le conduit urétro-sexuel, ils débouchent isolément, par deux orifices rétrécis, dans deux conduits distincts et disposés le plus souvent en forme d'anses. Ces deux conduits ne sont séparés à leur origine que par une cloison; ils se rapprochent de nouveau, après s'être écartés, pour s'ouvrir isolément chacun par une ouverture libre, non resserrée, en même temps que l'urètre, dans le conduit urétro-sexuel, le seul et véritable vagin des Marsupiaux, en tout point semblable à celui des Ornithodelphes.

Ce conduit urétro-sexuel ou vagin des Marsupiaux s'ouvre à côté du rectum, de façon à ne laisser voir à l'extérieur qu'une seule ouverture. Cette disposition nous rappelle encore le vestibule des Ornithodelphes, tout en nous conduisant à la monodelphie.

Le double canal des Marsupiaux, intermédiaire au conduit urétro-sexuel et aux oviductes, n'a pu être considéré comme un double vagin que par erreur, car il ne reçoit que le produit de la génération, placé qu'il est à côté des voies urinaires. Il faudrait d'ailleurs, pour se prêter à ces anses, que le pénis du mâle fût doué d'une autre organisation que celle qui le caractérise; et, en outre, l'absence de col ou de rétrécissement à l'orifice vaginal de ces deux tubes utérins, en même temps qu'elle nous explique la naissance prématurée des embryons, ne se prête-t-elle pas à merveille à la forme que doit affecter la première manifestation d'un organe aussi important.

Cet avortement des embryons, conséquence forcée d'utérus rudimentaires, inachevés, privés de col, nécessite la présence d'un appareil incubateur supplémentaire, disposé de façon à pouvoir protéger pendant l'allaitement les embryons à peine formés, et qui se trouve si heureusement réalisé par un simple repli cutané dont les mamelles sont enveloppées.

Comme chez les Ornithodelphes, les mamelles sont reléguées dans les aines et enveloppées d'un muscle peaucier, dont la contraction vient en aide à la faiblesse des embryons en injectant le lait dans leur estomac. Chaque mamelle est accusée par un mamelon assez développé et surtout assez ductile pour lui permettre de descendre jusqu'à l'estomac de l'embryon.

La poche marsupiale, dont ces mamelles sont enveloppées, n'est autre chose qu'un repli de la peau, dont l'action est soutenue par une couche musculaire, comparée au crémaster pour la structure et la disposition de ses fibres. Ce repli cutané existe dans presque toute cette famille, à laquelle il imprime un cachet tel qu'elle lui doit son nom (*marsupium*, bourse); il abrite si bien les mamelles en les transformant en organes intérieurs. que, parmi les Marsupiaux, ceux qui sont pourvus de cette poche paraissent dépossédés de ces organes, appelés cependant à devenir si apparents au sommet de la série, qu'ils forment le plus bel ornement de l'espèce humaine et par conséquent de la création.

Si l'appareil mammaire des Marsupiaux est aussi complétement dérobé, et si celui des Ornithodelphes est si peu apparent qu'il a fallu aux anatomistes un demi-siècle pour l'apercevoir, on comprendra facilement que des organes ainsi masqués ne pouvaient servir à caractériser un groupe aussi important que celui des Didelphes.

Si, d'un côté, l'absence de col ou de rétrécissement à l'ouverture inférieure de ces deux conduits utérins, ainsi que l'organisation de leur membrane muqueuse, nous expliquent suffisamment la sortie prématurée des embryons, d'un autre côté, le peu de développement de ces embryons à leur première naissance, au moment où l'utérus les déverse dans la poche, comparé au volume des œufs encore adhérents aux ovaires, nous indique assez que cette quantité de vitellus a pu servir à leur nutrition, et que, par conséquent, ces embryons n'ont fait que parcourir les utérus, sans y contracter d'adhérence et par suite sans communiquer avec la mère par aucun lacis vasculaire. Cette hypothèse est du reste pleinement confirmée par l'observation, qui n'a encore pu constater après le part de ces animaux aucune espèce de débris vasculaire.

En résumé, la nutrition placentaire n'existe pas encore chez les Marsupiaux; leur nutrition mammaire succède, comme chez les Ornithodelphes, à la nutrition vitelline. La quantité de vitellus étant moins considérable que chez ces derniers, les organes de la lactation entrent plus vite en activité, et leur rôle acquiert par cela même un nouveau degré d'importance et par suite d'élévation, et nous explique en même temps tout le développement de l'appareil mammaire dans cette famille. Et si cet appareil glanduleux des Marsupiaux est encore enveloppé d'un muscle peaucier destiné, comme chez les Ornithodelphes à suppléer à la faiblesse des embryons, en revanche les conduits lactifères ne sont plus de simples canaux de sécrétion, ils sont pourvus de granulations, et chacune des glandes mammaires se distingue déjà par un mamelon parfaitement organisé.

L'appareil sexuel femelle des Rongeurs touche à celui

des Marsupiaux par des liens si intimes, que nous com
prenons difficilement comment les anatomistes, et surtout
les ovologistes, n'ont pas déjà depuis longtemps opéré le
rapprochement de ces deux familles.

La symétrie de cet appareil, encore imparfaite chez
les Ornithodelphes, se maintient chez les Rongeurs, ainsi
que chez les Marsupiaux, à son état le plus élevé, pour
ne plus subir aucun mouvement rétrograde dans toute
la monodelphie.

Les ovaires des Rongeurs ne nous présentent plus
aussi souvent, ni d'une façon aussi prononcée, la forme
en grappe des ordres précédents ; cependant ces organes,
surtout au moment du rut, sont encore bosselés par des
saillies assez prononcées pour avoir suggéré aux ovologistes l'idée de les comparer à la grappe des oiseaux,
et pour avoir fourni à Graaf l'occasion de découvrir l'œuf
des Mammifères.

Ces saillies, ou vésicules ovariennes des Rongeurs,
sont connues depuis leur découverte sous le nom de
vésicules de Graaf ; la couche de liquide qu'elles renfer-
ment, et dans laquelle l'œuf est suspendu, détermine
par son augmentation, au moment du rut, la rupture de
la vésicule ainsi que la sortie de l'œuf, et facilite en
même temps son passage dans la partie resserrée de l'o-
viducte intermédiaire à la matrice correspondante, et
qui, à partir de ce moment, reçoit le nom de trompe de
Fallope.

Cette disposition de la vésicule de Graaf, aperçue seulement dans ces derniers temps, avait été pressentie par
cet anatomiste dans sa réfutation (et pourtant c'est mon
œuf dépouillé d'une de ses parties) à ses adversaires, ob-
jectant à sa découverte un œuf arrivé dans l'utérus avec
un volume moindre que celui de la vésicule dont il était
sorti.

Les oviductes des Rongeurs ont complétement dépouillé les caractères de l'oviparité pour revêtir ceux

de la viviparité utérine élevée à son plus haut degré.

La première partie de ces oviductes à incubation utérine, la trompe de Fallope, est traversée par une cavité tellement rétrécie, qu'un stylet peut à peine la parcourir ; son extrémité ovarienne, élargie en entonnoir, est échancrée sur son bord libre et adhère à l'ovaire par une de ces franges, pendant que son extrémité opposée se distingue de l'utérus, sur lequel elle s'inserre, par une ligne de démarcation si tranchée, qu'elle nous permet déjà de pressentir le rôle différent dévolu à deux organes si distincts.

Les deux utérus des Rongeurs ressemblent à deux tubes intestinaux, plissés de façon à pouvoir se prêter facilement à l'ampliation en tout sens, afin de contenir pendant leur développement un nombre toujours assez considérable de fœtus. Ces deux cavités utérines sont recourbées à l'instar de l'utérus unique et à cornes des Monodelphes les moins élevés (Herbivores, Carnivores); mais ici l'erreur est impossible, car, chez les Rongeurs, ces utérus s'ouvrent toujours dans le vagin ou conduit urétro-sexuel par deux ouvertures distinctes, plissées et légèrement tuméfiées au point de simuler déjà un museau de tanche double.

Les parois de ces deux utérus sont beaucoup plus minces que chez les Monodelphes ; leur membrane muqueuse, destinée à recevoir la greffe placentaire des embryons, est douée d'une plus grande vascularité que dans les ordres précédents (Ornithodelphes, Marsupiaux).

Cette disposition de la muqueuse utérine des Rongeurs, ainsi que la forme de leur placenta, tout en rapprochant ces animaux de l'ordre le plus élevé des Monodelphes, ne permet cependant pas de les confondre. En effet, si le placenta, chez les Rongeurs, nous offre déjà la forme discoïde, la forme humaine, ce placenta, malgré cette forme élevée, tient encore à l'oviparité par la persistance de la vésicule ombilicale, dont la disparition n'a pas encore pu être opérée à la naissance, puisque l'incubation de ces animaux ne se prolonge guère au-delà de celle des oiseaux, et que le fœtus est mis au monde dans un état de faiblesse, de nudité telle que, pour y suppléer, la mère le dépose encore dans un nid dont la perfection ne le cède en rien à celui des oiseaux, comme nous avons déjà eu occasion de le signaler.

Cette naissance prématurée du fœtus des Rongeurs, à peine mentionnée par les physiologistes, méritait cependant au plus haut degré de fixer notre attention, puisqu'elle établit entre la parturition de ces animaux et l'avortement des Marsupiaux un tel rapprochement qu'il suffirait à lui seul pour motiver la réunion de ces deux familles.

L'appareil mammaire des Rongeurs ne devient apparent qu'au moment de la parturition, et, aussitôt l'allaitement terminé, il s'efface à un point tel que les mamelons se dérobent entièrement à la vue et qu'ils deviennent à peine perceptibles au toucher.

La complète disparition des mamelles dans toute la classe des Didelphes, immédiatement après l'allaitement, nous a engagé à désigner ces organes sous le nom de temporaires, par opposition aux mamelles persistantes des Monodelphes. Un signe aussi peu fixe ne pouvait du reste servir à distinguer des animaux qu'il ne caractérise pas d'une manière continue.

La fécondité si connue des Rongeurs, et si souvent funeste à nos habitations et à nos récoltes, ne tient pas seulement au nombre considérable des petits de chaque portée, puisque l'un des plus féconds de cette famille, le Cochon d'Inde, ne met ordinairement bas que deux petits à la fois, mais bien à la brièveté de l'incubation, qui permet à la femelle de promptement recevoir de nouveau les approches du mâle, et nous explique en même temps le rapide accroissement des petits, et par suite leur prochaine aptitude à se reproduire eux-mêmes.

Cette fécondité démesurée des Rongeurs, tout à fait en rapport avec la position déclive que nous leur assignons dans l'incubation utérine, suffirait pourtant à elle seule à retenir les zoologistes dans leur incroyable tendance à rehausser ces animaux, dont la température, presque aussi élevée que celle des Oiseaux, favorise à un si haut point l'incubation extérieure, à l'aide de laquelle ils complètent leur incubation utérine avortée.

Avec un degré de chaleur aussi élevé, les fonctions des Rongeurs doivent être douées d'une activité presque égale à celle des Oiseaux ; aussi sommes-nous peu surpris de la célérité si remarquable à la faveur de laquelle ces petits animaux échappent aux poursuites des Carnassiers, dont ils sont destinés à devenir la proie. Cette agilité, qui nous fait rechercher l'Ecureuil, a valu dans ces derniers temps à toute cette famille le nom de Célérigrades ; elle permet à ceux qui habitent des contrées trop froides, la Laponie, la Sibérie, le Kamtschatka, d'entreprendre des migrations d'une ressemblance frappante avec celle des Oiseaux voyageurs.

Les organes génitaux mâles des Didelphes sont eux-mêmes imprégnés des mêmes qualités que l'appareil sexuel femelle, puisque le pénis des Ornithodelphes, ainsi que celui des Marsupiaux multipares, est bifide. Les testicules, chez les Ornithodelphes, ne sortent pas encore de l'abdomen ; chez les Marsupiaux et les Rongeurs, ils ne sont pas encore descendus à la naissance, et le trajet qu'ils parcourent plus tard en effectuant cette descente reste libre pendant toute la vie de l'animal, afin de permettre à ces organes de retourner à leur place primitive.

Si la duplicité de l'appareil incubateur des Didelphes est aussi essentielle que l'indique le rôle zooclassique

que nous lui attribuons, elle doit imprimer son cachet
à toute l'économie des animaux qui composent ce premier échelon de l'incubation utérine, et nous expliquer
en même temps la disposition des appareils destinés à
l'entretien de l'individu.

Les deux hémisphères cérébraux, complétement privés de commissure chez les Ornithodelphes, en présentent une si rudimentaire chez les Marsupiaux et les
Rongeurs, qu'il nous est permis de considérer les actes
cérébraux comme doubles dans toute cette famille.

Cette dualité cérébrale organique et physiologique des
Didelphes se repercute dans les organes soumis à son
action, ainsi que nous le démontre la latéralité des yeux
et la disproportion entre les membres thoraciques et
pelviens. Cette inégalité si constante et souvent si prononcée des membres rend leur action indépendante en
ne leur permettant que d'exécuter des sauts, mode de
progression tout à fait élémentaire et cependant susceptible de s'allier à une grande vitesse.

Cette dualité organique et fonctionnelle ne se borne
pas seulement aux organes de la vie de relation ; elle se
poursuit jusque dans les appareils destinés à la nutrition, comme nous l'indiquent la séparation et la mobilité des deux mâchoires inférieures, la séparation des
incisives et des molaires des Rongeurs, ainsi que la
division de leur lèvre supérieure.

Cette division de la lèvre supérieure, si remarquable
et si constante chez les Rongeurs, existe déjà chez les
Marsupiaux.

Il serait superflu d'insister plus longuement sur les
affinités qui maintiennent rapproché l'ensemble de cette
classe des Didelphes, de la famille des Oiseaux : elles
ressortent assez de l'examen auquel nous venons de
soumettre leur organisation pour nous autoriser à leur
appliquer le même mode de division ; aussi les sépa-
rons-nous tout d'abord, comme les Oiseaux, en deux

sous-ordres : les Didelphes terrestres et les Didelphes aériens.

Didelphes terrestres.

Ce premier groupe est beaucoup plus nombreux; il renferme les Ornithodelphes, les Marsupiaux et la majeure partie des Rongeurs. Tous ces animaux, presque sans exception, ne vivent pas seulement sur le sol, ils se creusent des terriers qui secondent merveilleusement leur vitesse pour échapper à leurs nombreux ennemis, et au fond desquels la plupart passent la saison rigoureuse dans un état léthargique. Ces retraites souterraines se prêtent également à leur organisation et à leurs mœurs nocturnes, en leur permettant de fuir la lumière; ils ont bien soin de les tapisser de mousse, de paille ou autres débris de végétaux herbacés qu'ils feutrent à l'instar des Oiseaux.

Ces animaux ne puisent leur nourriture que dans les rangs les moins élevés des deux règnes organiques; ils sont exclusivement Insectivores (Ornithodelphes, Marsupiaux) ou exclusivement Herbivores (Kanguroos, Phascolomes, Gerboises, Lièvres, Lapins, Cochons d'Inde, Agoutis, Porcs-épics, Pacas, etc.); d'autres se nourrissent de grains (Rats, Campagnols); et enfin, les plus élevés, les Marmottes, mangent également de l'herbe et des insectes; et si quelques-uns, comme les Rats, veulent lutter d'omnivorité avec elles, ce n'est qu'à la condition d'ajouter à leur régime frugivore des matières animales en décomposition.

Le système dentaire, d'abord absent ou à l'état corné chez les Ornithodelphes, homogène chez les Marsupiaux, n'est supérieur qu'en apparence chez les Rongeurs, puisqu'ils ne possèdent pas encore de canines, et que leurs incisives, ainsi que leurs molaires, continuent à croître pendant toute la vie, excepté pour les molaires

des plus élevés (Rats, Marmottes), aussi ces dernières,
et surtout chez les Marmottes; présentent-elles des racines, et leur couronne est-elle munie de tubercules absolument comme chez les Monodelphes les plus élevés.

Le tube digestif des Didelphes terrestres est en gé-
néral assez simple; il est plus compliqué, et muni d'un
cœcum d'une ampleur remarquable chez les espèces
herbivores (Lièvre, Cochon d'Inde). Le Castor et le
Wombat ont leur estomac précédé, comme celui des Oiseaux, d'un ventricule succenturié. Cette défection organique des Castors, leur ovaire en grappe, leur cerveau
complétement lisse et à peine pourvu de commissure,
leur queue plate, recouverte d'écailles et plus développée encore que celle de l'Ornithorhynque, et enfin la
sortie par un seul orifice du produit des organes digestif
et urétro-sexuel, comme chez les Marsupiaux, toutes ces
raisons nous empêchent de comprendre comment les
naturalistes, à l'envi les uns des autres, se sont plu,
pour ainsi dire, à exagérer l'habileté, l'intelligence de
cet architecte canadien, dont la maçonnerie n'est, en
définitif, que le produit instinctif d'un stupide Rongeur
aquatique, et servirait plutôt à le refouler dans l'ordre
sous-jacent (Oiseaux) qu'à l'élever. La Pholade et le
Taret ne sculptent-ils pas admirablement, l'une, la
pierre, et l'autre le bois; et pourtant ils ne sont que des
Mollusques de l'ordre le moins élevé.

Les Didelphes terrestres sautent plutôt qu'ils ne marchent, et leur progression, exécutée par une suite de
bonds identiquement comme celle des Oiseaux, présente
parfois dans le développement des membres pelviens,
auxquels elle est exclusivement confiée, une exagération
si considérable, qu'on la prendrait pour une difformité
(Gerboises). Aussi ces singuliers animaux parcourent-ils
l'espace avec une telle rapidité qu'ils paraissent complétement détachés du sol; ils marchent aussi sur leurs
deux pieds, absolument comme les Oiseaux, leurs mem-

4

bres pectoraux appliqués sur la poitrine, et tellement
effacés qu'on les en dirait privés, d'où le nom de Dipus.
Chez la Gerboise à trois doigts, le Dipus tridactyle, le
métatarse est représenté par un seul os d'une longueur
démesurée, et terminé, comme chez les Oiseaux, par
une poulie multiple destinée à recevoir l'articulation
des doigts. Les membres pelviens des Kanguroos, du
Lièvre sauteur (Hélamys), du Lièvre commun, ressemblent beaucoup à ceux des Gerboises, malgré leur nombre plus considérable de métatarsiens.

Le mécanisme à la faveur duquel les Didelphes terrestres exécutent leur progression les transforme tous
en Ongulogrades; aussi sont-ils munis d'ongles bien
développés et propres à servir leurs instincts de fouisseurs. L'usure des ongles est promptement réparée par
une croissance rapide et continue qui ne tarde pas à
gêner leurs mouvements, lorsqu'une circonstance, telle
que la domesticité chez les Lapins, vient les empêcher
de fouir ou de sauter; nous observons là un phénomène
semblable à celui que nous offrent leurs incisives lorsqu'ils viennent à en perdre une.

L'inégalité qui caractérise si bien les extrémités des
Didelphes terrestres ne pouvait être, comme chez les
Oiseaux, à l'avantage de la paire thoracique, puisque ces
animaux sont placés à la base d'une des grandes coupes
de la série, pendant que les Oiseaux occupent le sommet
de celle qui la précède.

Les plus élevés des Didelphes terrestres, les Rats, les
Campagnols, les Marmottes, ont leurs membres pectoraux munis d'un pouce rudimentaire.

Ce moignon de pouce, malgré sa petitesse et son peu
de mobilité, est cependant bien supérieur au pouce plus
volumineux des Sarigues et des Phalangers (Pédimanes),
parce qu'il appartient aux membres thoraciques, et aussi
parce qu'il est muni d'un ongle plat imitant déjà l'ongle
des Monodelphes les plus élevés, des Primates; aussi

est-il employé à des usages d'un ordre supérieur, secondé qu'il est par la rotation de l'avant-bras qui le supporte, ainsi que par la présence d'une clavicule bien développée à la racine du membre.

La queue, dans toute cette division des Didelphes terrestres, présente un développement d'autant plus remarquable que nous touchons aux organismes les plus élevés du règne animal. Chez la plupart de ces animaux (Ornithorhynques, Sarigues, Kanguroos, Hélamys, Gerboises, Castors, etc.) cet organe acquiert des proportions si exagérées qu'il est difficile d'interpréter les singuliers usages auxquels il est soumis, à moins de le considérer comme imprimant un cachet de dégradation à cette première division de l'embranchement le plus élevé de la série.

Si nous jetons un coup d'œil rétrospectif sur chacune des grandes coupes qui composent l'ensemble zoologique, ne constatons-nous pas, en effet, la tendance de la nature, au fur et à mesure qu'elle perfectionne son œuvre, à effacer le prolongement caudal.

Dans la grande division des Articulés (œuf incomplet ou à métamorphose) les moins élevés, les animaux à métamorphoses multiples sont d'abord les Annélides, dont le corps est si peu distinct de la queue, que l'animal entier pourrait être pris pour le prolongement caudal d'un organisme plus élevé. Puis les Crustacés (Décapodes), dont il suffit d'indiquer le nom du groupe le plus nombreux et le moins élevé (Macroures, grande queue) pour rappeler le développement et l'importance de cet organe dans l'exécution de leur marche rétrograde. Quant aux Crabes, la dénomination d'Urocryptes (queue cachée, κρυπτός) leur conviendrait beaucoup mieux que celle de Brachyures (βραχυς, court), puisque leur queue est encore large, surtout chez les femelles, et qu'elle est seulement dissimulée par son application sur le plastron. Viennent ensuite les Araignées (Octopodes), qui, en leur qualité d'Anoures, occupent le sommet de ce sous-embranchement ; et enfin les Insectes (Myriapodes et Exapodes, métamorphose unique), dont la position en tête de l'embranchement ne peut être contestée, sont presque tous des Anoures de la plus pure espèce.

L'embranchement des Vertébrés (œuf complet) forme le pendant de celui qui précède ; il nous offre d'abord les Poissons et les Batraciens (fécondation extérieure), dont la queue est si importante que la progression lui est presque exclusivement confiée, excepté cependant chez les Batraciens anoures, et seulement après leur métamorphose ; aussi ces animaux, si heureusement distingués des Urodèles, occupent-ils le sommet de ce sous-embranchement.

Viennent ensuite les Reptiles et les Oiseaux (incubation extérieure), dont la queue ne présente plus de développement extraordinaire que chez les moins élevés, les Reptiles (incubation solaire); et encore, chez ceux appelés à occuper leur sommet, les Tortues, ce prolongement est-il si réduit que nous pourrions, avec plus de justesse qu'aux Crabes, leur appliquer l'épithète de Brachyures; celle d'Urocryptes leur conviendrait également, puisqu'ils peuvent le dissimuler, non plus, il est vrai, en l'appliquant sur leur plastron, mais en le retirant dans leur carapace, ce qui, en définitif, revient au même.

Quant aux Oiseaux, placés qu'ils sont au sommet de l'incubation extérieure par leur incubation maternelle, leur queue est aussi réduite que possible; elle n'est apparente que par sa sécrétion phanérique, par ses plumes.

Nous pourrions ajouter, par anticipation, que le sommet des Herbivores (placenta multiple ou diffus) ainsi que celui des Carnivores (mamelles multiples) est occupé par deux animaux (Eléphant et Ours) dont la queue est tellement atrophiée qu'elle nous prépare à sa dispari-

tion complète, opérée seulement au sommet de l'omnivorité (mamelle unique, Bimanes, Quadrumanes, Anoures); et si nous rencontrons dans cette dernière division
zoologique, présidée par l'homme, des animaux pourvus
d'un développement caudal aussi important que celui des
Singes à queue prenante, et surtout des Cétacés, chez
lesquels la queue se substitue aux membres pelviens
qu'elle détourne à son profit, cela tient à ce que cette
division, par son immense extension, envahit tous les
éléments de notre planète, et que, par sa grande varia-
tion, elle résume à elle seule tout l'ensemble zoologique.

L'appareil urinaire des Didelphes ne se rapproche
pas moins de celui des Oiseaux que l'appareil générateur. Chez les Ornithodelphes, malgré la présence d'une
vessie urinaire, les uretères versent directement l'urine
dans le vagin ou conduit urétro-sexuel, à côté des orifices des oviductes.

Chez les Marsupiaux et les Rongeurs, les uretères
pénètrent pour la première fois dans un réservoir urinaire, seulement le canal de l'urètre ne s'ouvre à l'extérieur à la vulve, comme chez les Monodelphes, que
chez les Rongeurs les plus élevés; chez les autres, il
verse l'urine au milieu du vagin, à une distance plus ou
moins rapprochée des orifices utérins; et, chez les Marsupiaux, il s'ouvre en même temps que ces orifices utérins, de telle façon que, chez eux comme chez les Ornithodelphes, l'urine parcourt le vagin dans toute son
étendue. C'est pour cette raison que nous préférons con-
server à ce conduit la désignation d'urétro-sexuel dans
toute la didelphie.

L'appareil urinaire des Didelphes ne peut offrir de
tels rapports avec celui des Oiseaux sans que le produit
de sa sécrétion n'en soit lui-même imprégné. En effet,
si l'urine des Didelphes paraît aussi fluide que celle des
Monodelphes, en revanche elle est beaucoup moins

abondante, et sa couleur plus foncée nous indique
qu'elle doit être plus chargée de produits excrémentitiels,
et se rapprocher par sa composition de l'urine solide
ou semi-fluide de l'ordre précédent (Reptiles, Oiseaux).

Non-seulement les Didelphes ne sécrètent qu'une
très-petite quantité d'urine, mais encore ils ne trans-
pirent pas. Les glandes de la sueur découvertes dans .
ces derniers temps sur les Monodelphes n'ont encore
été constatées, que nous sachions, chez aucun Didelphe.

Avec une perte aussi peu adondante d'excréments
aqueux, les Didelphes doivent être rarement tourmentés
de la soif; aussi boivent-ils très-peu, et, chez la plupart,
la fluidité du sang n'est entretenue que par les liquides
contenus dans le parenchyme de leurs aliments. Nous
avons conservé pendant plusieurs mois un Lérot sans
lui donner autre chose que des pommes et des amandes,
et il ne paraissait aucunement souffrir de sa privation
d'eau.

Tous ces faits si intéressants sur l'organisation des
Didelphes nous aideront à comprendre comment la plupart de ces animaux peuvent passer une partie de l'année en léthargie sans éprouver une grande déperdition
de substance.

La friabilité des os des Didelphes, ainsi que leur légèreté; l'aspect du tissu musculaire, la facilité avec laquelle nous le digérons, etc., toutes ces raisons nous
autorisent à penser que la chimie organique, lorsqu'elle
sera imbue de ces nouveaux principes hiérarchiques,
ne tardera pas à constater. dans les humeurs et les
tissus de ces animaux, une composition plus élémentaire, et, par conséquent, en rapport avec la position
déclive que nous leur assignons dans l'histoire de l'incubation utérine.

Autant les Oiseaux sont richement partagés du côté
de la voix (chantée et articulée), autant les Didelphes
sont déshérités. La plupart paraissent même affectés

d'un mutisme complet, à part quelques grognements ou sifflements, et encore qu'ils ne font entendre qu'au moment des amours ou lorsqu'ils sont irrités. Les Cochons d'Inde nous offrent cependant une légère exception ; car ces animaux, lorsqu'ils sont réunis en assez grand nombre, produisent un petit bruit qui ressemble assez au gazouillement des Oiseaux pour qu'il soit permis de s'y méprendre.

La polygamie, si fréquente chez les Oiseaux terrestres, se reproduit encore assez souvent chez les Didelphes terrestres.

Didelphes aériens.

Cette petite tribu, l'une des plus naturelles du règne animal, ne renferme que deux genres, les Loirs et les Ecureuils, dont on a multiplié, dans ces derniers temps. les espèces comme à plaisir ; déplorable tendance de la zoologie, privée du secours de l'anatomie comparée.

Tous les membres de cette famille, le Muscardin, le Lérot, le Loir, le Polatouche et l'Ecureuil, sont des Grimpeurs par excellence ; aussi leur vie tout entière se passe-t-elle sur les arbres ; ils y nichent comme les Oiseaux, et s'y procurent leur nourriture, qui se compose presque exclusivement de fruits. L'Ecureuil. en sa qualité de chef de tribu, se permet parfois de déguster un oiseau ; ce commencement d'omnivorité nous est décélé par l'inspection de ses dents molaires. dont la couronne est tuberculeuse comme celle des Primates.

La locomotion semi-aérienne de ces petits Arboricoles est singulièrement favorisée par leur excessive mobilité d'abord. et ensuite par le mouvement de rotation de l'avant-bras, le développement de leurs clavicules, la disposition de leurs ongles, dont la pointe est protégée par la flexion des phalanges, ainsi que par la présence de petites pelotes situées dans le sens de la flexion. Et, chez le Polatouche, l'extension de la peau des flancs, en forme de parachute, lui permet de passer d'un arbre à un autre sans toucher le sol.

Le cerveau des Didelphes aériens, pour n'être pas plus couvert de circonvolutions que celui des Didelphes terrestres, se rapproche cependant déjà beaucoup du nôtre par sa forme plus arrondie, moins allongée, et surtout par un développement moindre des nerfs olfactifs.

Si leurs facultés cérébrales ne paraissent pas beaucoup plus élevées que celles des Didelphes terrestres, nous sommes cependant porté à supposer le contraire par le plus grand développement de la commissure qui unit les deux hémisphères cérébraux, et qui nous inque une plus grande unité d'action dans les opérations de cet organe.

La meilleure division des Ecureuils est assurément celle qui les sépare en européens, asiatiques, africains et américains du sud et du nord, suivant le continent qu'ils habitent. Cette division géographique, absolument pareille à celle qui s'applique à notre espèce, vient encore ajouter à la projection déjà si marquée de ces animaux vers l'ordre des Primates.

Nous insisterons d'autant moins sur les mœurs des Ecureuils que la description de notre immortel Buffon est connue de tout le monde. Chose remarquable, et que nous retrouverons occasion de signaler, ce grand peintre de la nature, malgré son aversion pour les classifications, paraît avoir pressenti celle que nous proposons aujourd'hui ; car ses portraits sont d'autant mieux exécutés, d'autant mieux finis, que l'animal occupe une place plus importante dans cette nouvelle hiérarchie.

L'examen auquel nous venons de soumettre l'organisation et les mœurs des Didelphes, ainsi que l'interprétation raisonnée que nous avons essayé d'en donner, prouve assez l'affinité de cet embranchement avec celui qui le précède pour qu'il soit superflu d'y revenir.

Quant à la réunion des Marsupiaux avec les Rongeurs, nous n'avons fait que hâter la conclusion des prémices posées déjà depuis longtemps.

M. Duméril n'avait-il pas déjà, en 1825, dans ses *Eléments des sciences naturelles*, réuni les Kanguroos aux Rongeurs, dont il formait la première tribu en disant : « Les uns ont six incisives à la mâchoire supérieure, ce sont les Kanguroos ; les autres n'en ont jamais que deux comme à l'inférieure. » Cependant il ajoutait quelques lignes plus bas : « Pour les Lièvres, leurs dents incisives supérieures sont doubles, » et il aurait pu ajouter que les Damans ont quatre incisives à la mâchoire inférieure.

Cuvier, en parlant du Phascolome, ce singulier Rongeur dont le nom signifie Rat à bourse, s'exprimait ainsi : « Ce sont de véritables Rongeurs par les dents et les intestins ; ils ne conservent de rapports avec les Carnassiers (Marsupiaux) que par l'articulation de leur mâchoire inférieure, et, dans un système rigoureux, il serait nécessaire de les ranger avec les Rongeurs.

Ces deux observations parlent assez pour que nous puissions nous dispenser d'y rien ajouter. Nous nous bornerons à dire que la réunion de ces deux familles fait disparaître toutes les difficultés comme par enchantement ; et ce filon de la science zoologique, que nous n'avons fait qu'effleurer, ne tardera pas, nous en sommes convaincu, à être plus richement exploité.

DES MONODELPHES.

Animaux dont l'incubation s'opère dans une seule matrice.

En même temps qu'il se simplifie, le réservoir incu-

bateur acquiert une organisation plus élevée, à la faveur
de laquelle une greffe utéro-placentaire, plus parfaite et
plus persistante, permet à la vie fœtale un développement beaucoup plus complet que dans l'ordre précédent; aussi, malgré la réduction du vitellus, le petit,
plus développé à sa naissance, est-il suffisamment protégé par des poils contre les influences atmosphériques,
et n'a-t-il plus besoin d'avoir recours à un abri extérieur ou emprunté (poche marsupiale ou nid), pour parer
à sa nudité.

Cette incubation utérine est, en effet, si complète,
que, chez un grand nombre de Monodelphes, le temps
de la vie fœtale équivaut et dépasse même le terme
moyen de l'existence entière de la plupart des Didelphes, et nous explique en même temps leur longévité,
leur moindre fécondité, ainsi que les proportions mons-
trueuses qu'ils atteignent quelquefois (Éléphant, Baleine).

Un état de développement aussi élevé, comparé à
celui que nous venons d'examiner, nécessite un perfectionnement analogue dans le reste de l'économie.

Le cerveau, jusqu'ici lisse et peu volumineux, se renfle
davantage et se couvre de circonvolutions; ses deux hémisphères communiquent toujours par une large commissure, indice certain d'une plus grande unité d'action
dans les facultés affectives et intellectuelles plus développées.

A la latéralité des yeux succède une tendance de plus
en plus prononcée au parallélisme et, par conséquent,
à l'unité visuelle.

Le toucher, ce *nec plus ultrà* des sens, se montre d'a-
bord dans les lèvres et la trompe des Herbivores, pour
se transporter ensuite sur la plante des Carnassiers, et
se traduire enfin par la main des Primates.

L'inégalité si caractéristique des membres thoraciques et pelviens des Didelphes ne reparaît plus aussi

souvent ni avec des proportions aussi démesurées; aussi le saut est-il remplacé par une marche plus régulière.

La lèvre supérieure, plus développée, est rarement fendue; le système dentaire se complète par l'apparition des canines ou des défenses osseuses ou cornées qui en tiennent lieu. La voix est plus modulée et plus expressive. Enfin, l'organisation du tégument se complète par l'addition d'un nouveau système d'exhalation, destiné à la sécrétion de la sueur.

Ce progrès organique, accompli dans l'économie tout entière des Monodelphes, et subordonné à la simplification de l'organe principal de la reproduction de ces animaux, se produit toutes les fois que les appareils reproducteurs se simplifient.

Chez les animaux à métamorphose (Articulés), en même temps que la métamorphose se multiplie et que l'appareil reproducteur mâle et femelle en totalité se dédouble, nous voyons l'organisation tout entière se fractionner indéfiniment et présenter une dégradation de plus en plus marquée dans chacun des appareils de la nutrition et de la relation.

Dans l'incubation extérieure (Reptiles et Oiseaux), l'arrêt de développement d'un des oviductes chez les Oiseaux (incubation maternelle) s'accomplit, en même temps que l'organisation tout entière se dresse au-dessus de celle des Reptiles, et, parmi ces derniers, les Bispéniens, ces Myriapodes vertébrés, sont évidemment les plus défectueux.

Le placenta, par son importance, se présente naturellement pour distinguer entre eux des animaux qu'il caractérise ainsi dès leur origine, en leur permettant d'arriver au monde avec un développement aussi complet.

Cet organe occupe d'abord toute la surface de l'œuf, soit à l'aide de cotyledons multiples et séparés, comme chez les Ruminants, soit d'une manière diffuse et en nappe, comme chez les Solipèdes et les Cutigrades. Il se ramasse ensuite sur lui-même, de façon à n'occuper qu'une portion restreinte de la surface de l'œuf; il est alors épais et charnu, et prend le nom de placenta unique, par opposition au placenta multiple ou diffus.

Du placenta multiple ou diffus (*Herbivores*).

Parmi les Placentaires, les animaux à placenta multiple ou diffus occupent la place la plus déclive; la matrice, dans laquelle se greffe ce placenta, est si profondément divisée qu'elle ressemble encore à celle des Rongeurs, dont elle n'a pas été suffisamment distinguée. Cependant, quelque court que soit le col de cette matrice, il ne s'ouvre jamais dans le vagin par deux ouvertures, comme chez les Rongeurs, et, par conséquent, la liqueur séminale n'a plus besoin d'être lancée que dans un seul conduit.

Ainsi donc, tout en appartenant à l'ordre le plus élevé, à la monodelphie, les animaux à placenta multiple se rapprochent beaucoup du mode sous-jacent, des Didelphes, par la multiplicité de leur placenta, ainsi que par la séparation presque complète de leur matrice; et si leur cerveau est sillonné de circonvolutions, l'irrégularité, le peu de profondeur et de développement, ainsi que le nombre trop multiplié de ces replis cérébraux, nous avertissent que les autres appareils de l'économie revêtiront le même aspect. Aussi l'alimentation de ces animaux est-elle aussi simple que possible; ils sont tous réduits à une nourriture exclusivement végétale (Herbivores); et les plus dégradés, les Cotyledonés (Ruminants), sont condamnés à manger une seconde fois leur aliment avant de pouvoir le digérer.

Les membres thoraciques et pelviens, malgré leur grande perfection pour la marche, sont encore exclusivement bornés à cet usage. La paire antérieure ou pectorale, dont l'avant-bras n'exécute pas encore de mouvement de rotation, et dont la racine est si constamment privée de clavicule, est encore inhabile à se prêter au service des facultés intellectuelles, dont le rôle est évidemment fort restreint. Aussi la tête leur paraît-elle soumise, obligée qu'elle est de faire tous les frais pour se porter au devant de l'aliment, en même temps qu'elle est appelée à leur servir de moyen de défense. Son organisation est, à vrai dire, on ne peut mieux appropriée à ces usages, supportée qu'elle est par un cou dont la longueur est exactement calculée sur celle des membres antérieurs, et terminée par des lèvres préhensiles d'une texture bien supérieure à celle des Didelphes.

Les mamelles, quoique très-apparentes, sont encore reléguées dans les aines ou sur le ventre; aussi le petit, lorsqu'il tète, ne peut-il avoir avec sa mère aucun rapport intellectuel.

Nous proposons de distinguer ces animaux en Ongulogrades et en Cutigrades, suivant qu'ils marchent sur les ongles ou sur la peau.

Les Ongulogrades sont d'abord Fissipèdes et ensuite Solipèdes, suivant que leurs pieds sont multiples ou uniques.

Les Cutigrades se divisent en Pillifères et en Nudipellifères, suivant que leur peau est ou non couverte de poils.

Des Ongulogrades (Fissipèdes, Solipèdes).

Parmi les Ongulogrades, les Fissipèdes ou Ruminants se présentent tout d'abord ; leur déclivité dans la monodelphie est suffisamment accusée par la division de leur placenta, dont les nombreux cotyledons sont tellement isolés, qu'ils représentent presque autant d'organes distincts. Et, de même que nous avons vu l'économie tout entière des Didelphes imprégnée de la dualité primitive de l'organe incubateur; de même, chez les Fissipèdes, les fonctions les plus importantes sont exécutées par des organes multiples, dont les divisions ne paraissent avoir pour but, en rivalisant par leur nombre avec celui des cotylédons du placenta, que de compléter le cachet de dégradation primitivement imprimé par ceux-ci à tous les animaux qui composent cette famille si naturelle du règne animal. Comment expliquer autrement leur polygamie si constante; leurs mamelles, si intimement réunies chez les moins élevés (Bœuf), qu'elles simulent une mamelle multiple par l'insertion de plusieurs mamelons extrêmement saillants sur une seule masse mammaire; leurs circonvolutions cérébrales, plus nombreuses encore que celles des Primates, et cependant alliées à une aussi faible lueur intellectuelle; leurs incisives, aussi nombreuses à la mâchoire inférieure, pendant que la supérieure en est si complétement dégarnie; leur quadruple cavité digestive, dont l'ampleur et le nombre des divisions, en ajoutant au volume démesuré de l'abdomen, compliquent si singulièrement la digestion, que la science est à peine fixée sur le rôle dévolu à chacun de ces compartiments digestifs; et enfin le pied fourchu, si constant et si caractéristique dans toute cette nombreuse famille, et sur la valeur duquel il ne faudrait cependant pas se méprendre, soit en l'élevant au-dessus du doigt unique des Solipèdes, soit en l'assimilant au pied des Cochons, auquel il ne ressemble qu'extérieurement.

Et, en effet, chez ces derniers animaux, chacun des doigts, même des deux rudimentaires, est ostéologiquement complet, c'est-à-dire supporté par son os correspondant du métatarse ou du métacarpe, identiquement comme chez les animaux les plus élevés de la série; tandis que le doigt fendu des Ruminants ne s'articule, comme chez les Oiseaux et les Gerboises, qu'avec un seul os, connu sous le nom de canon, et sur les côtés duquel, malgré la présence extérieure de deux doigts en miniature, il n'existe même pas de trace des deux stylets (métatarsiens ou métacarpiens rudimentaires), qui accompagnent si constamment le canon des Solipèdes; et pourtant, chez ceux-ci, le pied ne présente aucune trace extérieure de doigts rudimentaires, correspondante à ces baguettes métatarsiennes ou métacarpiennes, à moins que nous n'envisagions comme tels les plaques cornées, connues sous le nom de châtaignes, et dont la présence est si constante dans toute cette petite et si intéressante famille des Solipèdes, qu'elles deviennent caractéristiques.

Ainsi donc, en résumé, cette fourche des Ruminants n'aurait pour but que de compliquer la marche de ces animaux, puisque les deux doigts qui la composent sont tellement liés dans leur action, même chez les plus élevés de la famille (Caméliens), qu'ils ne peuvent se mouvoir isolément. Tous les anatomistes ne les ont-ils pas, du reste, comparés au doigt unique des Solipèdes? Cuvier dit, en les décrivant dans son règne animal : « Ils ont l'air d'un sabot unique qui aurait été fendu. »

Si la forme du placenta se bornait à imprimer son cachet à une seule tribu des Ongulogrades, quelque important que puisse paraître un pareil fait, il pourrait cependant s'expliquer par un effet du hasard, une simple coïncidence.

Mais si cette division, dont tout l'organisme des Fissipèdes est empreint, disparaît comme par enchantement, immédiatement après que les cotylédons se sont effacés et fusionnés en un seul placenta diffus, pour faire place à une unité organique pareille à celle qui caractérise si bien les Solipèdes, comment méconnaître plus longtemps l'influence d'un organe aussi fondamental sur l'économie des animaux qui lui sont soumis? d'autant que ces appareils simples des Solipèdes fonctionnent pour les mêmes usages que chez les Fissipèdes, seulement avec un degré de perfection en rapport avec cette simplification, et qui, en rehaussant les animaux de cette petite tribu, la dessinent en tête des Ongulogrades par leur projection vers le sommet de la série.

Ainsi, chez tous les membres qui composent la famille des Solipèdes, en même temps que les cotyledons du placenta s'effacent, et que cet organe devient simple et diffus, nous voyons les incisives, moins nombreuses à la mâchoire inférieure, également réparties sur les deux mâchoires ; l'estomac, aussi simple que celui des Monodelphes les plus élevés, et dont l'orifice cardiaque contraste si singulièrement avec celui des Ruminants par son organisation, disposée de façon à ne lui permettre aucune espèce de régurgitation ; les circonvolutions cérébrales, moins nombreuses et plus régulières, mieux développées et alliées, par conséquent, à des facultés affectives et intellectuelles supérieures à celles des Fissipèdes ; le pied, dont la simplification est suffisamment indiquée par la dénomination de Solipèdes, si généralement appliquée à cette famille, ne présentant plus, comme celui des Fissipèdes, aucune trace extérieure de doigts rudimentaires, malgré la présence, à l'intérieur, de deux stylets métatarsiens ou métacarpiens ; et les châtaignes, si elles doivent être envisagées comme telles, sont si bien dissimulées que la plupart des zoologistes les ont omises, et que, d'ailleurs, elles ne peuvent apporter aucun obstacle à la marche.

Ainsi donc, en résumé, le contraste que présente l'économie multiple des Fissipèdes, comparée à celle si simple des Solipèdes, loin de désunir ces deux familles, contribue à les resserrer davantage, puisque ces formes, si disparates des organes essentiels à la vie dans chacune de ces deux tribus, sont si intimement liées aux formes du placenta, qu'elles paraissent calquées sur elles, et que la nature de cet organe, qu'il soit multiple ou diffus, est intrinsèquement la même, puisque, dans l'un et l'autre cas, il occupe toute la surface de l'œuf.

Des Fissipèdes (ou Ruminants).

Les Fissipèdes, par leur dispersion sur toute la surface du globe, ainsi que par les précieux avantages qu'ils procurent à l'homme, composent une des familles les plus intéressantes et les plus utiles à connaître.

L'économie de ces nombreux animaux est tellement homogène, qu'ils paraissent tous construits sur le même modèle, et forment, par leur ensemble, une des familles les plus naturelles du règne animal, ainsi que tous les zoologistes se sont plu à le reconnaître. Malgré cette uniformité organique tout à fait en rapport avec la position déclive que nous leur assignons dans la monodelphie, ils se distinguent facilement en deux tribus, suivant qu'ils ont la tête armée ou non de sécrétions destinées à leur servir de défenses, et connues sous les noms de cornes ou de bois, suivant leur texture.

Les Fissipèdes compris dans la première tribu sont beaucoup plus nombreux que ceux de la seconde. Dans cette première division, la tête de tous les mâles, et quelquefois celle des femelles, est armée de cornes dont le rôle est évidemment de servir à la défense de l'animal ; aussi leur présence exclut-elle les dents appelées plus tard à fonctionner pour cet usage ; et si les mâchoires de quelques Ruminants présentent parfois des canines, ce n'est qu'à l'état rudimentaire et d'une façon fort irrégulière, excepté pourtant chez deux animaux, le Muntjac et le Chevrotain, et encore ces deux exceptions ne sont-elles qu'apparentes, puisque les Chevrotains sont complétement privés de cornes, que le Muntjac en présente de si petites que, sans leur pédoncule

osseux, plus saillant que chez aucun autre Ruminant,
elles seraient à peine visibles : aussi ces deux animaux,
en leur qualité de chefs de tribu, ont-ils leur mâchoire
supérieure armée de canines dont le développement et
la saillie hors de la bouche, en même temps qu'ils
font appel aux défenses de l'ordre supérieur (Cutigrades), nous démontrent la solidarité qui existe dans cette
famille entre deux organes d'apparence si contraires.
La soudure, qui, chez tous les Ruminants à cornes,
réunit si intimement les deux métatarsiens ou métacarpiens de chaque pied en un seul os (le canon), disparaît
complétement chez une espèce de Chevrotain d'Afrique,
de telle façon que chez cet animal les deux doigts sont
déjà complets et se rapprochent de ceux des Cutigrades.

La plupart des Ruminants à cornes présentent encore
dans les régions inguinales des follicules qui, à l'instar
de ceux des Didelphes, sécrètent une matière sébacée
d'une odeur particulière à chaque espèce, et assez forte
chez les mâles, surtout au moment du rut, pour faciliter la rencontre des sexes. Le Chevrotain porte-musc
doit son surnom à la propriété qu'il a de sécréter cette
matière odorante en plus grande quantité.

Chez presque tous les animaux de cette tribu, la
fourche du pied renferme des follicules semblables, dont
l'odeur imprègne assez leur trace pour permettre aux
Carnassiers de les suivre à la piste.

La petite tribu des Fissipèdes, privés de cornes, ne
renferme que quelques animaux, la Girafe, les Lamas
et les Chameaux, dont la position en tête des Ruminants est suffisamment indiquée par l'absence de cornes
frontales. L'exception formée par la Girafe n'est qu'apparente, puisque les prolongements dont la tête de ce
singulier animal est ornée sont exclusivement formés
par des épiphyses osseuses semblables à celles qui, chez
les Ruminants de l'ordre précédent, servent de support

à la sécrétion si caractéristique destinée à leur défense ; et d'ailleurs le peu de développement de ces protubérances osseuses, la persistance de la peau qui les recouvre, ne les empêchent-elles pas de se prêter à la défense, confiée, chez cet animal, aux membres postérieurs, qui exécutent déjà la ruade absolument comme ceux des Solipèdes.

Ainsi donc, en résumé, la Girafe (*Camelo pardalis*, Chameau Léopard) appartient à la tribu des Ruminants sans cornes, puisque les saillies dont sa tête est surmontée n'ont aucune espèce de rapport anatomique ou physiologique avec les sécrétions cornées ou défenses si bien déterminées des Ruminants de l'ordre précédent ; et qu'enfin la présence de semblables saillies sur le front d'un des Ruminants privé de cornes, tout en refoulant cette tribu dans la sous-jacente, complète leur emboîtement réciproque, déjà manifesté en sens inverse par l'absence d'aucune espèce de saillie sur la tête des Chevrotains.

Les pieds des Ruminants sans cornes ne présentent plus aucune trace extérieure de ces doigts rudimentaires si fréquents chez les Ruminants à cornes.

La longueur des membres thoraciques de la Girafe, plus considérable que celle de ses membres pelviens, en rehaussant la partie antérieure de cet animal, fait décrire à l'axe du corps une ligne oblique intermédiaire à la station horizontale et à la verticale, et détermine en même temps un allongement proportionnel du cou, et par suite une élévation si démesurée de la tête, qu'elle lui permet d'atteindre les branches d'arbres assez élevées.

Les deux sabots de la Girafe sont élargis et disposés de façon à imiter déjà le sabot unique des Solipèdes, auxquels cet animal ressemble encore par sa marche (amble, ainsi que par sa crinière. La soudure du radius et du cubitus, ainsi que celle des deux os qui compo-

sent le canon, est un peu moins complète chez les Chameaux et les Lamas que chez les Ruminants à cornes :
le scaphoïde et le cuboïde du tarse sont déjà séparés,
comme chez les animaux les plus élevés. La fourche des
Lamas, et surtout celle des Chameaux, fait une projection si évidente vers les Cutigrades les plus élevés, les
Nudipellifères (Rhinocéros, Hyppopotame, Eléphant),
que, sous ce rapport, il n'est possible de la distinguer extérieurement qu'en comptant les ongles. Du
reste, la dentition des Lamas et des Chameaux est
tout à fait en rapport avec les caractères d'élévation
manifestés dans leurs pieds ; ils ont des canines régulières aux deux mâchoires, deux incisives à la mâchoire
supérieure, pendant que leur nombre à la mâchoire inférieure est aussi réduit que chez les Solipèdes ; et si
leur estomac, par l'addition d'une cinquième division
(le réservoir), paraît plus compliqué que celui des Ruminants à cornes, en revanche ils sont doués de deux
facultés bien précieuses, la sobriété et l'abstinence, à
la faveur desquelles il leur est possible de traverser ces
océans de sables dont ils habitent les confins, et qui les
font si avantageusement contraster avec les Ruminants
à cornes dont la vie tout entière n'est occupée qu'à
manger.

Des Solipèdes.

La famille des Solipèdes ne renferme que le Zèbre,
le Dauw, le Couagga, l'Hémione, l'Ane et le Cheval.
Si peu nombreux que soient ces animaux, ils n'en
composent pas moins, par leur réunion, une famille très-
naturelle, appelée à servir de pendant à la tribu si vaste
des Fissipèdes, au-dessus de laquelle elle se distingue
par cette réduction même du chiffre des individus qu'elle
renferme, ainsi que par la simplification de leur organisation.

Cette unité organique des Solipèdes tranche d'une manière si saillante à côté de la composition si vague et si multiple des Fissipèdes, qu'elle a positivement nui au rapprochement de ces deux tribus, dont les affinités ne paraissent cependant plus désormais devoir soulever de difficultés.

La tête des Solipèdes est entièrement libre et dégagée de ces végétations osseuses dont le poids et l'ampleur, en entravant les mouvements, nuisent plutôt qu'ils ne servent à la défense de l'animal soumis à les porter. Pour la première fois, nous voyons la défense confiée aux membres, aussi est-elle encore reléguée dans la paire postérieure.

Le pied ne présente plus aucune trace de division; il est complétement débarrassé de ces doigts rudimentaires si communs chez les Fissipèdes; aussi de combien la marche des Solipèdes leur est-elle supérieure!

L'estomac est aussi simple que celui des Primatès, et non-seulement il ne rumine plus, mais encore il est privé de la faculté de pouvoir vomir en aucune circonstance, même maladive.

Cette supériorité organique des Solipèdes, dont l'ensemble se traduit à l'extérieur par des formes plus élevées, mieux proportionnées, plus harmoniques, en un mot, est alliée, chez le plus élevé de la famille, chez le Cheval, à des facultés si bien appropriées à tous nos besoins naturels ou factices, que cet animal prend rang dans notre société, dont la plupart des membres pourraient, à bon droit, revendiquer les soins, dont sa santé, sa propagation et son alimentation sont l'objet.

Parmi les diverses races de Chevaux, le type anglais se distingue au-dessus des autres par ses formes ainsi que par sa vitesse.

Des Cutigrades.

La peau, chez tous les membres qui composent cette famille, joue un rôle dont l'importance ressort assez de l'expression même de Pachydermes (παχυς, épais; δερμα, peau), sous laquelle les zoologistes sont habitués à les désigner, ainsi que de celle de Cutigrades (*cutis*, peau; et *gradus*, marche), que nous proposons de lui substituer.

Tous ces animaux sont, en effet, protégés par un tégument dont la texture le rapproche déjà du nôtre; le système pileux, d'abord clairsemé, devient complétement nul chez les plus élevés (Rhinocéros, Hyppopotame, Eléphant).

La couche de tissu cellulaire sous-cutané ne permet plus à la peau de glisser et de se mouvoir sur les parties sous-jacentes; ses mailles sont distendues par une graisse connue sous le nom d'axonge, dont la consistance semi-oléagineuse s'éloigne de la densité du suif des Ongulogrades pour se rapprocher de la fluidité de la graisse humaine. Cette couche graisseuse, connue sous le nom de lard, est tellement abondante que, tout en protégeant l'animal, elle distend si singulièrement ses formes, qu'elle leur imprime un aspect voisin des nôtres.

Le prolongement caudal, dans toute cette famille, est aussi réduit que possible.

Le système dentaire est toujours complet; seulement les canines, apparaissant pour la première fois d'une manière régulière, sont encore empreintes du même sceau de dégradation que les incisives des Rongeurs; et, comme leur direction ne leur permet pas de se rencontrer, et, par suite, de s'user, il se passe là un phénomène semblable à celui que nous avons signalé chez les

Rongeurs, privés d'une de leurs incisives, et qui nous explique de la manière la plus satisfaisante les singulières projections que ces dents font hors de la bouche de la plupart de ces animaux, projections telles que, chez le Babiroussa, par exemple, elles vont jusqu'à simuler les défenses des Fissipèdes à cornes : et, chez l'Eléphant, elles atteignent le poids énorme de cent à deux cents livres.

Ces canines à croissance continue, dont l'usage est suffisamment indiqué par l'expression de défense sous laquelle elles sont généralement connues, peuvent être utilement employées pour connaître l'âge de l'animal.

Les Cutigrades se distinguent en deux tribus, suivant qu'ils sont ou non couverts de poils.

DES CUTIGRADES PILIFÈRES.

La tribu des Cutigrades couverts de poils (pilifères) renferme les Pécaris, les Babiroussa, les Phacochères, les Cochons, les Sangliers et les Tapirs.

La grande fécondité qui caractérise si bien tous ces animaux nous indique assez leur position déclive dans la famille des Cutigrades. Tous, en effet, sont pourvus de nombreuses mamelles, et ont à chaque portée un nombre proportionnel de petits ; et les Tapirs ne dérogent à cette loi, par leur part unique et leurs deux mamelles inguinales, que pour occuper leur sommet et opérer en même temps une projection vers la tribu supérieure (Nudipellifères).

La forme du pied, dans toute cette tribu, nous rappelle assez la fourche des Fissipèdes ; il est cependant bien facile de le distinguer, même chez les moins élevés, chez les Pécaris, puisque leurs doigts rudimentaires sont complets, pourvus chacun de leur métatarsien ou métacarpien, malgré la soudure presque complète des métatarsiens ou métacarpiens des deux doigts les plus importants. Ces Pécaris doivent leur surnom de Dicotyles (δις κοτυλη deux nombrils) à la présence, dans la région des lombes, de follicules sébacés laissant échapper par une fente, qui simule une deuxième cicatrice ombilicale, une humeur fétide de la nature de celle qui caractérise si bien la plupart des Didelphes.

Le nez, chez ces animaux, est prolongé en boutoir, en même temps qu'il se distingue par une olfaction des plus remarquables, afin de pouvoir remuer la terre et découvrir les tubercules qu'elle renferme, et dont ils forment la base de leur nourriture. Si quelques-uns paraissent doués d'un certain degré d'omnivorité, ce n'est le plus souvent qu'à la condition de manger des matières animales en décomposition, et qu'ils se procurent ordinairement dans les lieux les plus immondes. Chez le Tapir, en sa qualité de chef de tribu, nous apercevons déjà un commencement de trompe.

Chez tous ces animaux, les viscères abdominaux ont des formes assez semblables aux nôtres. Tous ont évidemment une texture et une composition supérieures aux Ongulogrades; leur chair est tellement nutritive, que nous ne pouvons en user qu'avec modération; et, chez certains peuples du Midi, la religion en défend complétement l'emploi.

Des Cutigrades à peau nue (Nudipellifères).

Cette petite tribu ne renferme que le Rhinocéros, l'Hippopotame et l'Eléphant. Ces trois animaux, par leur tégument complétement privé de poils, se rapprochent tellement de notre espèce, qu'il ne s'interposera plus rien de semblable; aussi leur économie, tout en appartenant à l'ordre des animaux à placenta diffus, au dessus desquels elle se dessine en relief, est-elle

déjà rehaussée par les caractères appelés à former
l'apanage des Monodelphes les plus élevés.

La dénomination de Gravigrades, appliquée, dans
ces derniers temps, à l'Eléphant, associé aux Dugongs
et aux Lamantins, conviendrait beaucoup mieux à ces
trois animaux (Rhinocéros, Hippopotame, Eléphant).
dont les formes ont, par leur lourdeur, une analogie
frappante.

Leurs pieds ne sont plus enveloppés de sabots cornés :
ils appuient directement sur le sol par l'intermédiaire
de la peau, disposée à cet effet, pendant que leurs
ongles, considérablement amoindris, sont déjetés sur
les côtés. Leurs doigts, d'abord au nombre de trois,
puis de quatre, et enfin de cinq, en avant comme en
arrière, sont toujours complets, supportés par des
métatarsiens ou métacarpiens distincts dont la réduction contraste singulièrement avec la longueur qu'ils
nous ont présentée dans les tribus précédentes. Les
deux os de la jambe et de l'avant-bras sont libres dans
toute leur étendue ; enfin, le squelette de ces membres
présente déjà, avec celui des nôtres, une analogie
remarquable.

La défense, d'abord reléguée à l'extérieur, et composée de substance cornée (Rhinocéros), nous rappe-
lant les Fissipèdes à cornes, est ensuite confiée au
système dentaire, comme chez les animaux les plus
élevés (Hippopotame, Eléphant).

Chacun de ces trois monstrueux animaux ne met au
monde qu'un seul petit, et ne possède en même temps
qu'une seule paire de mamelles d'abord refoulées dans
les aines ou sur le ventre (Rhinocéros, Hippopotame),
et ensuite appliquées sur la poitrine (Eléphant).

Ce dernier animal, le plus élevé des trois, l'Eléphant,
ne se projette pas moins vers l'homme par le reste de
son économie que par la réduction et la pectoralité de
ses mamelles.

L'ensemble de son squelette présente, avec celui des Primates les plus élevés, une analogie dont plusieurs observateurs avaient déjà fait mention.

Le Jardin des Plantes possède en ce moment un squelette de jeune Eléphant dont la ressemblance avec celui du Gorille est si frappante, que notre ami Gratiolet n'eut rien de plus pressé, lors de notre dernière entrevue, que de nous signaler ce fait, sachant, du reste, qu'il pouvait donner du poids à nos nouvelles combinaisons zoologiques. A diverses reprises, des ossements d'Eléphant fossile ont été pris pour des débris d'homme gigantesque; témoin le fameux squelette de dix-neuf pieds de hauteur, qui pare encore les armes lucernoises, et qui n'est, en définitif, qu'une pure conception de l'anatomiste Plater, trompé par des ossements d'Eléphants fossiles.

Les vertèbres cervicales de l'Eléphant, et surtout l'Atlas et l'Axis, ont la plus grande analogie avec les nôtres; aussi le cou de ce gigantesque animal est-il si réduit, comparé à celui de tous les autres Herbivores, qu'il devenait indispensable que sa tête fût desservie par un prolongement comme la trompe.

Ce singulier organe, dont la présence embarrasse la plupart des zoologistes, vient donc merveilleusement à propos suppléer, par sa disposition, à la brièveté du cou, en même temps qu'il continue la projection de l'Eléphant vers l'homme, en simulant déjà une main, dont il remplit les fonctions avec une sagacité que tout le monde a pu admirer, soit que l'animal l'emploie pour saisir et porter à la bouche son aliment solide ou liquide, soit qu'il s'en serve comme moyen de défense, ou pour tout autre usage intellectuel.

La tête de l'Eléphant, en même temps qu'elle est desservie par un si curieux organe, présente un volume plus considérable proportionnellement que celle d'aucun autre animal. Son front offre déjà l'aspect du nôtre, quoique ses deux saillies extérieures ne traduisent aucunement la forme du cerveau, dont elles sont séparées par d'énormes cellules osseuses formées par le diploë démesurément développé dans toute cette famille des Cutigrades, et plus particulièrement encore chez cet animal.

Le cerveau, malgré son peu de volume, n'en est pas moins desservi par des sens d'une finesse remarquable, et ses facultés affectives et intellectuelles ne se distinguent pas moins par leur développement que par leur association avec les nôtres.

Cet animal intelligent est, en effet, d'une extrême prudence, d'un caractère facile, d'un naturel doux et affectueux, gardant le souvenir des bienfaits comme des injures. Ses membres, malgré la pesanteur de leur forme, sont aptes à la natation, et ils peuvent lutter, pour la vitesse, avec ceux du cheval le mieux organisé pour la course.

La femelle porte vingt mois, plus du double de la femme : aussi la longévité de ces animaux est-elle en proportion.

A l'état libre, les Éléphants vivent en société ; leurs grandes troupes n'habitent que les forêts solitaires des contrées chaudes de l'Afrique, de l'Asie et des grandes îles de l'Archipel Indien, et les deux espèces connues sont distinguées, comme les races humaines, par le nom du continent auquel elles appartiennent : l'Éléphant d'Afrique et l'Éléphant d'Asie.

De l'incubation dans une seule matrice à l'aide d'un placenta unique.

L'unité de composition des parties constituantes de cet appareil incubateur (placenta unique, greffé dans une matrice unique) nous indique assez l'élévation organique à laquelle nous atteignons : aussi les animaux compris dans cette division sont-ils les plus parfaits et surpassent-ils tous les autres, dont ils font leur nourriture.

Le cerveau, jusqu'ici lisse et peu volumineux, ou sillonné de replis multiples et irréguliers, acquiert un développement si remarquable, qu'il domine toute l'économie : ses deux hémisphères communiquent toujours par une large commissure, dont les fibres s'irradient dans toutes les parties qui les composent ; les circonvolutions gagnent en profondeur et en étendue ce qu'elles perdent en nombre, et la symétrie succède à l'irrégularité qu'elles affectaient dans l'ordre précédent.

Les fonctions de cet organe, ainsi perfectionné, dépouillent leur caractère instinctif pour revêtir celui des facultés affectives et réfléchies successivement élevées à leur plus haute puissance.

L'inégalité des membres, déjà signalée chez les Didelphes, reparaît, non plus à l'avantage de la paire pelvienne, mais bien à celui de la paire thoracique, qui, au fur et à mesure qu'elle se prête au service des facultés intellectuelles, se détache davantage du sol, qu'elle finit par abandonner complétement.

Les sens acquièrent en même temps un degré d'élévation proportionnel. Le système dentaire est toujours complet, et par conséquent privé de ces lacunes qui caractérisaient les ordres précédents : la croissance des dents est toujours limitée ; aussi leur forme est-elle plus régulière et mieux définie, et ne nous offre-t-elle plus, ou très-rarement, de ces exagérations si fréquentes chez les Rongeurs, et surtout chez les Cutigrades.

Le tube intestinal, ne digérant plus que des fruits ou des substances animales, est toujours simple, débarrassé de ces complications si singulières qu'il présentait chez les Herbivores.

Les organes destinés à continuer le développement du fœtus après sa naissance, les mamelles, appelées par leur rôle à compléter la vie de l'espèce, nous serviront à distinguer cette grande et dernière classe zoologique, suivant qu'il en existera une ou plusieurs paires. A partir de ce moment, ces organes sont toujours doubles, par paires ; autrement, ils détruiraient l'harmonie, en dérogeant à cette belle loi de symétrie arrivée chez ces animaux à son apogée de développement.

Des mamelles multiples et ventrales (Carnassiers).

La déclivité des animaux de cet ordre est suffisamment accusée par le nombre des mamelles ainsi que par leur position sur une des parties les moins élevées de l'animal (région ventrale ou abdominale), surtout si nous les comparons au nombre et à la position qu'elles atteignent dans l'ordre supérieur ; aussi tous ces animaux se bornent-ils à une espèce d'aliment, la chair (Carnivores), et le plus souvent encore sont-ils forcés d'égorger leur proie, afin de pouvoir s'en nourrir : leur économie tout entière est entachée de cet appétit carnassier, secondé par le courage et la ruse, alliées à une force et à une adresse merveilleusement desservies par les défenses dont leurs mâchoires et leurs pieds sont armés.

Chez tous ces animaux, sans exception, la gueule est en effet munie de fortes canines dont la saillie est encore augmentée par la réduction des incisives, presque toujours au nombre de six.

L'action de ces canines est continuée par la disposition des molaires, dont la couronne, toujours comprimée, est le plus souvent terminée par une surface tranchante.

Le nombre des molaires ne varie pas moins que leurs

proportions; aussi est-on obligé de les distinguer en trois séries, les avant-molaires ou fausses molaires, plus petites et moins compliquées; la molaire moyenne ou carnassière, la plus forte et la plus importante, ainsi que son nom l'indique; enfin les arrière-molaires, dont la couronne est ordinairement tuberculeuse, nous décèlent, par leur nombre et leur développement, le degré d'omnivorité de l'animal. Ces dents tuberculeuses sont ordinairement opposées sur les mâchoires qui se regardent, afin de faciliter leur action triturante; les carnassières et les avant-molaires, au contraire, sont alternes, et agissent absolument comme des branches de ciseaux. La mâchoire inférieure, dont la force est augmentée par la précision des surfaces articulaires, emboîtées de façon à ne leur permettre aucun mouvement de latéralité, est mue par des muscles énergiques dont l'insertion sur les côtés du crâne, en élargissant son diamètre transversal, ajoute encore à la saillie qui, pour les phrénologistes, représente l'organe de la destruction.

Les mœurs carnassières sont desservies, dans toute cette famille, par des sens souvent supérieurs aux nôtres, sous le rapport de la perception sensoriale. Celui qui domine est le sens de l'odorat, dont les nerfs si développés occupent à eux seuls une grande partie de la loge frontale.

Les membres sont terminés par des doigts armés d'ongles puissants connus sous le nom de griffes. La partie qui appuie sur le sol est munie de pelottes dont l'élasticité ne le cède en rien à celle des pelottes qui tapissent la plante de nos pieds.

Les animaux qui composent cette famille ont été distingués en Digitigrades et en Plantigrades, suivant que ces pelottes élastiques garnissent les doigts seulement, ou qu'elles recouvrent en partie ou en totalité les surfaces plantaires ou palmaires.

Des Digitigrades.

Chez tous les animaux de cette première section des Carnassiers, non-seulement les extrémités n'appuient en marchant que sur la partie phalangieuse des doigts, la seule doublée de pelottes élastiques et privée de poils, mais encore les métatarsiens et les métacarpiens sont allongés et redressés verticalement de façon à imiter le segment représenté par le canon des Ongulogrades. Aussi le mécanisme à la faveur duquel ces membres se meuvent favorise tellement l'usure des ongles que ceux des animaux les plus élevés de cette tribu (Félis) n'échappent à ce frottement et ne conservent leur acuité et leur tranchant que par une disposition toute spéciale de rétractilité dont ils sont doués. Cette direction et cette longueur des os du métatarse et du métacarpe des Digitigrades, tout en allongeant leurs membres, rehausse le tronc de ces animaux de manière à nous expliquer leur hauteur ainsi que la rapidité de leur course, surtout si nous les comparons aux semi-Plantigrades, dont le corps est à peine détaché du sol.

Dans toute cette section des Digitigrades, les extrémités pelviennes n'ont que quatre doigts, et l'exception que présente parfois le Chien n'est qu'apparente, puisque ce cinquième doigt, lorsqu'il existe, n'est ordinairement mu par aucune fibre musculaire, et ne tient le plus souvent au membre que par un prolongement cutané, privé qu'il est de métatarsien; du reste, cet appendice digital est peu utile, puisqu'il est d'usage de l'enlever afin d'éviter à l'animal les entraves qu'il apporte si souvent à sa marche. Suivant que les ongles des Digitigrades sont ou non rétractiles, nous les distinguerons en deux séries.

Des Digitigrades à ongles non rétractiles.

La non rétractilité des ongles, dans toute cette première tribu des Digitigrades, est aussi essentielle que l'indique le rôle important que nous lui attribuons, malgré le peu d'espace qu'elle occupe dans la plupart des traités de Zoologie.

Cette disposition des ongles, en favorisant leur usure chez tous les animaux qu'elle caractérise, nous rappelle encore les Ongulogrades, et s'accorde parfaitement avec la position déclive que nous assignons à ces animaux au début de l'embranchement des Carnassiers (mamelles multiples); elle nous donne en même temps la clef de leur organisation, qu'elle distingue si bien en nous dévoilant son degré de carnivorité, qui ne s'élèvera jamais au niveau de celui que nous offriront les Digitigrades à ongles rétractiles, les Carnassiers par excellence.

L'Hyène, le Protèle et le Chacal ne se repaissent que de cadavres; les Chiens se contentent le plus souvent des débris de nos repas, et les Renards ainsi que les Loups n'assouvissent ordinairement leur appétit sanguinaire, un peu plus prononcé, que sur de faibles proies, et encore les derniers ne dédaignent pas le cadavre lorsqu'ils peuvent s'en procurer.

Tous ces animaux ont un grand nombre de molaires, douze en haut et douze ou quatorze en bas, et l'exception que le Protèle apporte à cette règle tient à ce que cet animal occupe la place la plus déclive du genre Chien, qu'il fait ainsi rétrograder jusqu'au genre Hyène, avec lequel son aspect extérieur pourrait du reste le faire confondre.

En même temps que le Chien se distingue au sommet de cette tribu des Digitigrades à ongles non rétrac-

tiles, par le développement de ses facultés affectives
ainsi que par leur soumission et leur appropriation à
tous nos besoins, l'Hyène se fait remarquer au commencement de cette même tribu par la flexion de ses
membres pelviens, qui impriment à l'extérieur de ces
animaux un cachet de répulsion tout à fait en rapport
avec leurs habitudes nocturnes, leurs goûts marqués
pour les cadavres, dégradation confirmée par la présence d'une poche anale ainsi que par la réduction du
nombre des doigts.

Des Digitigrades à ongles rétractiles.

Les ongles sont si bien abrités du frottement par
un admirable mécanisme de rétractilité, qu'ils deviennent des armes terribles par leur acuité et leur
tranchant, et caractérisent tous les animaux qui composent cette famille, le Guépard seul excepté.

En même temps qu'elles sont aussi efficacement pro-
tégées contre l'usure, ces griffes, et surtout celles des
membres thoraciques, sont disposées de façon à opérer
par leur extension un mouvement si complet d'opposition, qu'il nous explique la facilité avec laquelle ces
redoutables animaux saisissent et fixent leur proie.
Une pareille organisation nous décèle une grande supériorité dans les membres qu'elle caractérise si bien :
les mouvements des os du carpe, celui de rotation de
l'avant-bras, sont en effet beaucoup plus étendus que
dans la tribu précédente, où ils étaient à peine sensibles.

Cette supériorité organique et physiologique des extrémités thoraciques de ces animaux rejaillit dans toute
leur économie, et se traduit à l'extérieur par une sou-
plesse de mouvements merveilleusement desservie par
un appareil musculaire d'une rare perfection.

6

La bouche est armée de canines plus fortes, plus saillantes et plus aiguës que dans la tribu précédente ; les molaires, moins nombreuses, sont toutes carnassières, c'est-à-dire aussi tranchantes que possible, et entièrement privées de tubercules.

L'action de ces armes si puissantes est encore augmentée par le peu de longueur des mâchoires ainsi que par l'énorme développement des muscles élévateurs. La force et l'agilité de ces cruels animaux sont secondées par deux sens extraordinairement développés, la vue et l'ouïe, ainsi que par une sensibilité toute spéciale de téguments, et surtout des moustaches. La langue ainsi que l'extrémité du pénis sont recouverts d'aiguillons cornés très-rudes et recourbés en arrière ; aussi le rapprochement des sexes est-il accompagné de cris singuliers qui semblent annoncer la douleur, et simulent assez, chez le Chat domestique, les cris d'un jeune enfant pour qu'il soit possible de s'y tromper.

Malgré la férocité en apparence indomptable dont toute l'économie de ces animaux est empreinte, l'homme est cependant parvenu à maîtriser les plus farouches et à les plier à ses caprices au point de pouvoir lutter avec eux pendant leurs repas.

De même que le Lion se dresse en tête de cette tribu par sa force et son caractère, la beauté de ses formes et son facies presque humain, de même le Guépard appartient à la base, qu'il fait rétrograder jusqu'à la tribu sous-jacente par le peu de rétractilité de ses ongles, la hauteur de ses formes, ainsi que par l'usage auquel il est employé, et qu'exprime suffisamment son surnom de Tigre chasseur.

Tous ces animaux sont d'une exquise propreté ; non-seulement ils ne mangent plus de cadavres, mais, leur repas terminé, leur premier soin est de se nettoyer et de faire ainsi disparaître les taches du meurtre qu'ils viennent de commettre.

Ils apportent dans la disparition de leurs excréments une recherche et une attention que notre espèce ne gagnerait qu'à imiter plus souvent, et notre prétendue hygiène aurait pu depuis longtemps, sous ce rapport, mettre à profit la prédilection du Chat domestique pour le charbon.

DES PLANTIGRADES.

Ainsi que leur nom nous l'indique, les animaux qui composent cette famille ne se bornent plus, comme les Digitrades, à effleurer le sol; ils appuient sur la plante des pieds, sont moins élevés sur leurs jambes, et marchent plus lourdement.

La construction de leurs pieds offre déjà la plus grande analogie avec celle du nôtre : ils sont pourvus, comme chez nous, de cinq doigts aux membres pelviens comme aux membres thoraciques, avec cette différence, cependant, que les deux extrêmes sont encore les moins importants et les moins développés.

Les métatarsiens, ainsi que les métacarpiens, ne sont plus allongés et comprimés comme chez les Digitigrades, ils sont, au contraire, courts, élargis et disposés identiquement comme les nôtres. Les ongles présentent un développement remarquable, et malgré leur longueur ils échappent au frottement par le mode de locomotion à l'aide duquel la plante des pieds se détache en même temps, dans toute son étendue, de la surface du sol.

Les pelotes élastiques et dégarnies de poils ne se bornent plus à la partie digitale de leurs pieds, et, suivant qu'elles recouvrent une partie seulement de la surface plantaire ou sa totalité, les animaux de cette importante famille se séparent en deux tribus, les semi-Plantigrades et les Plantigrades proprement dits.

Ces animaux, ainsi que nous l'indique la structure de

leurs pieds, se rapprochent de notre espèce par leurs mœurs ainsi que par les autres points de leur organisation; ils sont en effet presque tous doués d'un certain degré d'omnivorité que nous pouvons exactement calculer par le développement de leurs dents tuberculeuses, toujours plus nombreuses que chez les Digitigrades. Leur peau est doublée par une couche graisseuse assez semblable à la nôtre.

Des semi-Plantigrades.

Chez tous les animaux compris dans cette première section des Plantigrades, les pelotes élastiques dégarnies de poils ne recouvrent que le métatarse et le métacarpe; le tarse et le carpe n'appuient pas encore pendant la marche, relevés et détachés qu'ils sont du sol, par un mouvement de flexion, une espèce de brisure opérée au milieu des pieds aux dépens des articulations tarso-métatarsiennes et carpo-métacarpiennes.

Ce mécanisme n'est autre chose qu'une transition de la digitigradité à la plantigradité proprement dite, aussi les animaux qu'il caractérise forment-ils deux groupes très-naturels dont les rapports avec l'une ou l'autre de ces deux grandes familles sont tels, qu'ils ont presque toujours été confondues avec elle. Nous proposons de les désigner sous les noms de Féliens et d'Ursiens.

Les premiers, ou les Féliens (Civettes, Loutres, Martres, Viverra, Mustela), ainsi que leur nom l'indique, ont avec les Chats ou Digitigrades à ongles rétractiles une telle ressemblance de mœurs et d'organisation, qu'ils n'en ont pas encore été suffisamment distingués, et pourtant ils ne sont pas des Digitigrades : à l'exception du Suricate du Cap (Viverra tétradactila de Linné) et de la Mangouste à pinceau, ils ont cinq doigts aux membres pelviens comme aux membres thoraciques.

Malgré leur appétit sanguinaire, presque aussi prononcé que celui des Digitigrades à ongles rétractiles, leurs ongles ne sont plus doués d'une rétractilité semblable, et leur arrière molaire ainsi que leur carnassière sont déjà munies de tubercules.

Un grand nombre de ces animaux habitent les régions froides, et sont recherchés pour leur fourrure, dont la beauté et la solidité surpasse de beaucoup celle des Mammifères que nous avons déjà passés en revue.

Les plus élevés des semi-Plantigrades, les Ursiens, sont beaucoup moins nombreux que les Féliens ; leur petite tribu ne renferme que les Mouffettes, les Gloutons, le Blaireau et le Raton, désignés par Linné sous les noms de *Ursus gulo*, *Ursus meles* et *Ursus lotor*.

Les affinités qui rapprochent ces semi-Plantigrades des Ours sont exactement la répétition de celles qui rapprochent les Féliens des Digitigrades à ongles rétractiles ; et cependant il n'est pas plus permis de les élever au niveau des Ours, au premier rang de la plantigradité, que de vouloir confondre dans une même tribu les semi-Plantigrades féliens et les Digitigrades à ongles rétractiles.

Et, en effet, si ces Ursiens ont une grande analogie de mœurs et d'organisation avec les Ours, ils en diffèrent cependant sous beaucoup de rapports. Malgré leur semi-plantigradité, ils sont tous beaucoup plus bas sur leurs jambes que les vrais Plantigrades ; ils ont une nourriture peu recherchée, se creusent tous des terriers, et exhalent une mauvaise odeur. La couleur de leur pelage n'est jamais uniforme comme celle des Ours, elle est toujours nuancée, et varie quelquefois sur le même poil, ainsi que le Blaireau nous en offre un exemple si remarquable et si connu.

Des Plantigrades proprement dits.

Les animaux compris dans cette division sont beaucoup moins nombreux que ceux de la tribu précédente (semi-Plantigrades); ils suppléent à cette réduction par une organisation dont la supériorité ressort assez de l'expression même de Plantigrades sous laquelle ils sont désignés.

Chez tous ces animaux, sans exception, le tarse et le carpe n'étant plus relevés comme chez les semi-Plantigrades, les pieds appuient, en marchant, sur la totalité de leurs surfaces plantaires, complétement nues et recouvertes de pelotes élastiques; le talon supporte le poids du corps identiquement comme le nôtre, aussi la marche est-elle ordinairement lente.

Le développement des membres thoraciques est si remarquable, qu'il dépasse beaucoup celui des membres pelviens, même chez les moins élevés (Taupe), et permet à ces animaux, secondés qu'ils sont par des ongles d'une force et d'une longueur extraordinaire, de fouir ou de grimper avec la plus grande facilité.

Cette petite tribu, la plus élevée de notre neuvième et avant-dernière grande coupe zoologique (mamelles multiples), se dresse au sommet de la carnivorité, dont elle se détache par une projection sans exemple jusqu'ici ; aussi distinguons-nous les animaux qui la composent en deux groupes désignés sous les noms d'Insectivores et d'Omnivores, suivant que leur régime s'éloigne plus ou moins du nôtre.

DES INSECTIVORES.

Chez tous les animaux qui composent cette première section des vrais Plantigrades, l'organisation éprouve un mouvement rétrograde si prononcé qu'elle nous rappelle, par les profondes modifications qu'éprouve son système pileux, les Didelphes les moins élevés (Echidné, Porc-épic), et nous reporte même jusqu'aux Reptiles écailleux, suivant que les membres thoraciques sont ou non pourvus de clavicules. Ces animaux se distinguent en deux groupes : le moins élevé, celui des non claviculés, renferme les Tatous, les Pangolins et les Fourmilliers, animaux dont l'économie est encore plus dégradée que celle des Hérissons, des Musaraignes et des Taupes, dont l'épaule est constamment munie de clavicules, quelquefois même doubles, comme chez les oiseaux (Taupe). Le régime de tous ces Insectivores, ainsi que leur nom nous l'indique, est aussi peu élevé que possible, comparé à celui des autres embranchements (mamelle multiples); aussi leur système dentaire, d'abord absent, est-il ensuite tellement homogène dans sa forme et dans sa structure, qu'il n'est pas possible de distinguer les diverses espèces de dents dont il se compose chez les autres Carnassiers, que chez les Claviculés, et encore les canines des Taupes, dont la couronne est assez caractérisée, se confondent-elles avec les molaires par leurs doubles racines, et interceptent-elles huit incisives à la mâchoire inférieure. Chez la Musaraigne et le Hérisson, le développement plus considérable des incisives moyennes nous rappelle encore les rongeurs. Les membres sont pourvus de cinq doigts, et si le Fourmillier didactyle ainsi que le Tatou noir font exception à cette règle, elle n'affecte que leurs membres thoraciques, ainsi que les Singes les moins élevés nous en offriront encore un exemple remarquable ; comme si le Créateur, reculant devant une difficulté, hésitait à produire la main, ce merveilleux organe dont la partie tactile, en se détachant du sol, acquierrera un degré de sensibilité si exquis qu'il ne fonctionnera plus qu'au service des facultés intellectuelles de l'ordre le plus élevé. La manifestation de l'œil et de l'oreille ne s'est pas fait attendre aussi longtemps, puisque les Céphalopodes, les Mollusques, placés à la base de la série, sont déjà pourvus de grands yeux dont les paupières ressemblent aux nôtres. A l'exception du fourmilier Tamanoir, qui, à l'instar des Singes anoures, appuie en marchant sur la face dorsale des doigts du membre thoracique, tous les Insectivores sont Plantigrades au plus haut degré.

Tous ces animaux sont Fouisseurs et nocturnes par excellence ; ceux des contrées froides passent l'hiver en léthargie ; quelques-uns ont une existence complétement souterraine, et sont par conséquent privés de la vue, dont l'organe est si réduit qu'il devient à peine visible et finit même par être entièrement recouvert et masqué par la peau (Taupe).

Le cerveau, presque complétement lisse, appartient cependant à la tribu des vrais Plantigrades par sa forme et par son développement ; nous verrons, du reste, le même fait se reproduire chez les Quadrumanes aériens les moins élevés (Cheiroptères, Ouistitis, Saïmiris). Tous les Insectivores ont les nerfs olfactifs très-développés, ainsi que le sens qu'ils desservent. Leur intelligence est en rapport avec leur vie plus ou moins complétement nocturne et souterraine , c'est-à-dire presque réduite à l'état d'instinct. La queue présente un développement extraordinaire chez les Insectivores privés de clavicules ; chez les claviculés, au contraire, elle est si réduite, que chez la Taupe, et surtout chez les Hérissons, elle devient à peine visible.

DES OMNIVORES (OURS).

Ces Plantigrades composent une famille peu nombreuse et des plus naturelles du règne animal.

Les mamelles, si nombreuses chez les autres Carnassiers, et surtout chez les Insectivores, sont aussi réduites que possible chez ces Plantigrades omnivores pour l'ordre auquel ils appartiennent (mamelles multiples), et font, par cette réduction même, une projection marquée vers l'ordre supérieur (mamelles uniques).

La première paire occupe la zone moyenne de la région abdominale, pendant que la seconde paire est située à la base des parois thoraciques, à leur union avec les parois abdominales.

Ces animaux ne possèdant que deux paires de mamelles, ne mettent ordinairement bas que deux petits à chaque portée, quelquefois trois, rarement un.

Leur système dentaire est moins carnassier que chez les précédents; les canines sont moins saillantes et moins aiguës, les incisives, plus larges et plus développées, se rapprochent déjà des nôtres; quant aux molaires, leur couronne, à part sa compression, ressemble entièrement aux nôtres par les tubercules dont elle est recouverte; aussi le régime de ces animaux est-il aussi frugivore que carnassier.

Les surfaces plantaires acquièrent un développement si extraordinaire, qu'elles permettent à ces singuliers animaux de se dresser sur leurs extrémités pelviennes, et d'exécuter, pendant cette conversion momentanée (Bipedité), certains mouvements, tels que la marche, le saut, la danse, dont la ressemblance avec les nôtres a de tout temps excité la curiosité.

En même temps que les extrémités pelviennes se rapprochent ainsi des nôtres par leur organisation, les membres thoraciques acquièrent un développement si remarquable, qu'il permet à ces athlétiques animaux, lorsqu'ils sont provoqués par l'homme, de se dresser sur leurs jambes et de saisir leur adversaire, qu'ils étouffent ainsi corps à corps, dans l'étreinte de leurs formidables bras, dont les muscles, d'une puissance sans égale dans la série, les mettent à l'abri de toute crainte.

Les mouvements de ces prudents animaux sont lents

et leur démarche affecte une certaine tranquillité à laquelle la réflexion ne paraît pas étrangère. Leur masse cérébrale, beaucoup plus développée que chez les autres Carnassiers, est sillonnée de circonvolutions plus nombreuses, plus épaisses, plus profondes et plus régulières ; aussi leurs facultés réflectives sont-elles plus élevées et susceptibles d'une certaine éducation. A un corps trapu, terminé par une queue très-courte, s'ajoutent des membres épais, terminés par des doigts que prolongent des ongles longs, forts et moins comprimés que chez les autres Carnassiers. Ces animaux habitent toutes les parties du globe l'Afrique exceptée. La distinction des diverses espèces laisse encore beaucoup à désirer ; tout porte à croire cependant qu'en leur appliquant le même mode de division qu'à l'espèce humaine, dont ils se rapprochent sous tant de rapports, en les divisant par conséquent d'après leur couleur et leur circonscription géographique, la science ne tardera pas à obtenir un résultat satisfaisant.

L'uniformité de couleur des Ours permet de les distinguer en Ours blancs et en Ours noirs.

L'Ours blanc (*Ursus maritimus* de Linné) habite les contrées les plus froides du pôle nord, ainsi que nous l'indiquent les surnoms d'Ours de la mer Glaciale et d'Ours polaire, que lui ont donnés les voyageurs. Il est le représentant aquatique et par conséquent le moins élevé de cette famille ; son organisation et ses mœurs sont en effet plus carnassières que celles des Ours bruns ; et si ses pieds sont plus allongés, cela tient uniquement à ce qu'ils sont plutôt destinés pour la nage, et ne peut en aucune façon être envisagé comme une marque de supériorité, puisqu'ils sont recouverts de poils sur une partie de leur surface plantaire.

Cet animal, d'un naturel féroce, n'est susceptible d'aucune éducation ; il se nourrit ordinairement de Poissons, de Phoques, de jeunes Cétacés : le Morse lui offre un peu plus de résistance.

Les Ours noirs sont dispersés sur une plus grande étendue de la surface du globe ; ils sont distingués en européens, asiatiques et américains, suivant qu'ils habitent l'un ou l'autre de ces continents. Dans les pays civilisés, ils sont exclusivement cantonnés dans les forêts qui recouvrent les chaînes de montagnes assez spacieuses et assez élevées pour servir de séparation aux diverses nations qui peuplent les fractions de continents ; aussi ces animaux conservent-ils les noms de ces chaînes de montagnes ou des pays qu'elles circonscrivent (Ours des Pyrénées, des Alpes, de la Syrie, du Tibet, de la Norwège et de la Sibérie, etc.). Toutes ces variétés se distinguent entre elles par leurs proportions, leurs mœurs et leur couleur plus ou moins foncée.

L'Ours malais ou Euryspile est la plus petite espèce ; beaucoup moins grand que l'Ours aux grandes lèvres (*Ursus labiatus*), cet animal se distingue des autres Ours noirs par le développement de ses doigts ; ses ongles sont plus longs et moins comprimés, son museau plus court, sa tête plus volumineuse, et son front plus large ; aussi est-il plus intelligent, et surtout très-éducable.

Le nom d'Ours bateleur, sous lequel le désignent les Malais, indique assez l'usage auquel il est soumis. Le nom d'Ours singe rappelle la ressemblance de certains de ses mouvements avec ceux des Singes ; plusieurs fois nous avons été à même de constater ce fait sur celui qui vivait il y a quelques années à la ménagerie du jardin des Plantes.

Une seule paire de mamelles allaitant un seul petit dont le développement embryonnaire a été opéré par un placenta unique greffé dans une matrice unique.

Cette unité d'organisation ainsi élevée à sa plus haute

puissance, cette sublime loi vers laquelle tendent tous
les systèmes de la création, et sous laquelle le Créateur
lui-même a toujours été personnifié, pouvait-elle caractériser d'une manière plus complète et plus élevée
ce dixième et dernier chaînon zoologique, dont l'ensemble, présidé par l'homme, envahit tous les éléments
constitutifs de notre planète, Phoques et Cétacés dans
les mers, Singes et Chauves-Souris dans les airs,
l'Homme sur la terre.

La main, comme organe extérieur, domine dans l'é-
conomie de toute cette classe des Primates de Linné,
que nous proposons de nommer Cheirozoaires. Cet organe, suivant qu'il sera plus ou moins multiple, nous
servira à distinguer ces animaux en Quadrumanes et en
Bimanes.

DES QUADRUMANES.

Nous entendons par main un organe composé de cinq
doigts, dont les deux extrêmes sont les plus importants:
d'abord pour la nage, par leur écart ou abduction, et
ensuite pour la préhension, par leur rapprochement ou
opposition. De même que le mouvement d'opposition
est forcément précédé par le mouvement d'écart, de
même voyons-nous les Quadrumanes aquatiques, dont la
locomotion est opérée par ce mouvement, précéder les
Quadrumanes aériens, et nous offrir ainsi un nouveau
genre de main, dont la forme plus rudimentaire, en
ajoutant un degré de plus à la filière par laquelle nous
élèverons successivement cet organe, facilitera son
étude.

L'ordre des Quadrumanes aquatiques, ainsi que celui
des Quadrumanes aériens, se divise en deux sous-
ordres, suivant que les animaux qu'il renferme sont
appelés à une vie plus ou moins complétement aqua-

tique ou aérienne (Cétacés, Phoques, Cheiroptères, Singes).

Des Quadrumanes aquatiques.

Par cela même qu'ils occupent la base de la plus importante division zoologique, les animaux qui composent cette famille si remarquable et si peu comprise de Mammifères aquatiques se traduisent sous des formes peu élevées, et la projection morphologique rétrograde qu'ils opèrent est d'autant plus prononcée, que cette première division, à laquelle ils appartiennent désormais par leurs mœurs et par leur organisation, ainsi que l'avaient si bien compris J. Hunter et Péron, embrasse et résume à elle seule tout le règne animal par la triple unité qui la caractérise si bien. Aussi sommes-nous moins surpris de voir les moins élevés de la famille, les Cétacés, confondus, à l'origine de la science, avec les Poissons, dont ils reproduisent si exactement les formes, que de les savoir de nos jours encore, malgré toutes les connaissances acquises, relégués à la place la plus déclive des animaux à incubation utérine (Mammifères) comme servant de trait d'union à l'incubation extérieure (Oiseaux et Reptiles).

Et cependant ces animaux, dont les membres sont si peu ébauchés ou à peine détachés du corps, sont pourvus d'un cerveau presque égal au nôtre par sa forme et son volume, et surtout par la réduction ou l'absence complète de ses nerfs olfactifs.

DES CÉTACÉS.

Chez les Cétacés, les deux mamelles d'abord, refoulées à la partie postérieure du tronc, ne paraissent sur la poitrine que chez le Manate ou Lamantin, appelé pour cette raison femme marine.

Hors le temps de l'allaitement, ces organes caracté-ristiques ne sont accusés à l'extérieur que par la pré-sence, sur les côtés de la vulve, de deux sillons paral-lèles à son ouverture, et par conséquent à l'axe du corps. Ces deux sillons cachent les mamelons, dont la saillie ne devient apparente, au moment de l'allaite-ment, que par la turgescence des glandes mammaires, se dessinant alors elles-mêmes en soulevant les tégu-ments à une assez grande distance du point de conver-gence des conduits galactophores.

Lorsque ces glandes entrent en activité en même temps que les mamelons font saillie à l'extérieur, les fibres du muscle peaucier dont ces organes sont enve-loppés s'hypertrophient afin d'injecter le produit de la sécrétion dans l'estomac du petit, et de suppléer ainsi par leur contraction à la succion que sa bouche est inha-bile à opérer.

Cette infériorité organique des mamelles des Cétacés, si bien en rapport avec la position déclive que nous assignons à ces animaux dans notre dixième mode re-producteur, nous explique en même temps l'incroyable tendance des zoologistes modernes à dégrader ces Mo-nodelphes aquatiques en les rapprochant tantôt des Ru minants tantôt des Ornithodelphes.

Ce mouvement rétrograde de la partie extérieure de l'appareil génital des Cétacés s'imprime assez fortement sur les organes intérieurs de ce même appareil pour avoir induit en erreur un des observateurs les plus distingués du siècle dernier, au point de lui avoir fait considérer l'utérus comme double dans toute cette fa-mille de Mammifères aquatiques. Mais, tout en envi-sageant le corps de l'utérus comme une partie du vagin, le célèbre naturaliste écossais (J. Hunter) n'émet son opinion qu'en hésitant, et son erreur est immédiate-ment rachetée par la réflexion dont il l'accompagne.

Cette dualité apparente de l'organe incubateur des

Cétacés, le prolongement de ses cornes, la fusion des cotyledons du placenta assez complète pour que cet organe ait pu être rapproché de celui des Solipèdes et des Cutigrades, toutes ces raisons nous expliquent suffisamment l'état multiple et fractionné sous lequel se présentent les principaux organes affectés à la nutrition et à la relation de ces singuliers animaux.

Le rein, par sa connexion avec l'appareil génital, est empreint au plus haut degré de ce fractionnement organique. L'appareil digestif tout entier se présente ensuite avec ses phanons et ses dents si nombreuses (Baleine, Dauphin); son intestin si démesurément prolongé, et sa cavité digestive encore plus divisée que celle des Ruminants, et dont le nombre des compartiments paraît augmenter en raison même de l'homogénéité de la substance alimentaire. Viennent enfin les principaux organes de la relation, les hémisphères cérébraux, d'un volume presque égal aux nôtres, et sillonnés de circonvolutions plus multiples encore que celles des Ruminants; les rames pectorales terminées par des phalanges plus nombreuses que les nôtres, et ne devant cependant opérer aucun mouvement partiel.

Nous entrerons dans des détails plus circonstanciés sur l'économie des Phoques, afin de pouvoir développer les raisons qui nous ont déterminé à élever ces animaux au rang de Cheirozoaire.

DES PHOQUES.

La famille des Phoques se compose d'un assez grand nombre d'espèces séparées en deux tribus. La première, celle des Phoques proprement dites, la plus nombreuse, est complétement privée d'oreille externe (Anotaries). La seconde tribu, la plus élevée, est munie d'un pavillon de l'oreille à l'état rudimental (Otaries) : elle ne renferme que deux espèces, le Lion et l'Ours marin

(*Phoca leonina*, **P**. *ursina*). Ces deux animaux occupent
le premier rang parmi les Phoques, comme l'Orang,
le Chimpanzé et le Gorille parmi les Singes; et, de même
que dans ces derniers temps on a démontré la supériorité du Chimpanzé sur l'Orang, de même nous croyons,
dans le cours de cette dissertation, pouvoir démontrer
celle du *Phoca ursina* sur le *Phoca leonina*.

Les animaux qui composent la famille des Phoques
ont de tout temps excité la curiosité des voyageurs. La
mythologie nous les représente comme les dieux de la
mer; et, en effet, cet animal, si étrange qu'il paraît
fictif, ne règne-t-il pas, comme l'a si bien exprimé Buffon, dans l'empire muet des eaux par sa voix, par sa
figure et son intelligence? N'est-il pas le sujet de fa-
bles et de récits merveilleux de la part des navigateurs
qui l'ont observé? n'ont-ils pas tous été frappés de la
ressemblance de sa figure avec la nôtre?

Péron, dans son voyage aux terres australes (1807),
a vécu pendant plusieurs mois au milieu d'une troupe
de Phoques à trompes, qu'il a pu observer pendant le
temps des amours, pendant le part et la lactation, et
sur les mœurs desquels il nous transmet des détails si
intéressants, qu'en parlant de leur intelligence, il ne
peut s'empêcher de s'exprimer ainsi : « La famille des
Phoques, si peu connue jusqu'à présent, ne peut manquer de former un jour une des principales coupes du
règne animal. »

Steller a observé de tout aussi près l'Ours marin
(*P. ursina*), dont il rapporte des choses si surprenantes
qu'on trouva beaucoup plus facile de ne pas y ajouter
foi. Si le récit de Steller paraît encore plus extraordinaire que celui de Péron, cela tient à ce que l'espèce
dont il parle, le *Phoca ursina*, est plus hautement organisée, plus intelligente, celle, en un mot, qui est appelée à figurer en tête des Cheirozoaires aquatiques.

Organisation des Phoques.

Le Phoque étant destiné à vivre dans l'eau, ses extrè-
mités ont été converties en rames. Les trois premiers
segments, l'épaule, le bras et l'avant-bras, ainsi que le
bassin, la cuisse et la jambe, sont cachés sous la peau
de telle façon qu'il ne paraît de libre au dehors que les
pieds et les mains. Nous désignerons la rame postérieure sous le nom de pied jusqu'à ce que nous l'ayons
transformée en main par une démonstration anatomique.

Les os qui constituent la racine de ces membres, le
scapulum et l'humérus, le bassin et le fémur, sont si
peu développés, qu'ils ont l'air de miniatures à côté de
la main et du pied, sur lesquels paraît s'être déversé
tout ce qui leur manque.

Cette difformité, choquante au premier abord, est
cependant en parfaite harmonie avec la locomotion de
ces animaux, qu'elle favori e au plus haut dégré, en
terminant en cone les deux extrémités du tronc, absolument comme les Poissons. Mais l'épaule du Phoque
n'est pas seulement réduite et aplatie, il en a encore
disparu la pièce la plus importante, la clavicule, cet os
si caractéristique chez l'Homme et les Singes, et le
Phoque que nous voulons leur rattacher en est dépourvu; mais nous ne sommes pas conséquent avec
nous-même, puisque les Carnassiers, auxquels nous
voulons le soustraire, en sont privés comme lui. Nous
répondrons à cette objection que, d'une part, la clavicule est bien loin d'avoir toute la valeur zooclassique
que les anatomistes se sont plu à lui reconnaître dans
ces derniers temps; et, d'un autre côté, à quoi bon des
clavicules au Phoque? à nuire à sa marche, en élargissant ses épaules, et à donner de l'étendue aux mouvements de sa rame, lorsqu'ils n'ont besoin que de

7

force et de précision. Le grand fessier, ce muscle si développé dans l'espèce humaine, où il forme la saillie de
la fesse, signe caractéristique de la bipédité, est encore
très-volumineux chez les Phoques, malgré l'énorme
atrophie qu'a subi leur bassin. Nous ferons la même
observation pour le genou, dont la largeur, presque
égale au nôtre, est vraiment disparate avec un fémur
aussi petit.

L'avant-bras et la jambe, dont les os sont absolument disposés comme les nôtres, sont caractérisés par
les mêmes signes : la jambe, par la force et le développement des muscles de la région postérieure, et l'avant-
bras par son mouvement de rotation, mouvement plus
puissant sinon plus étendu que le nôtre, à en juger par
la saillie d'insertion du muscle rond pronateur, et par
le volume de ce muscle lui-même. Ils possèdent aussi
leurs deux muscles supinateurs, ces muscles sublimes
qui n'appartiennent, après nous, qu'à eux et aux Singes, et dont les Carnassiers, même les plus élevés, les
Plantigrades, ne possèdent encore qu'un rudiment.

Le carpe ou le poignet du Phoque ne possède que
sept os, tandis qu'il en entre huit dans la composition
du nôtre. Cette absence d'un des osselets du poignet
est en rapport avec la solidité si nécessaire au mouvement de rotation de la rame, d'autant mieux que,
chez le Singe, dont la mobilité forme le caractère essentiel, le carpe renferme neuf os. Cette raison, dont
plus d'un esprit se fût contenté, ne nous satisfaisait
cependant pas entièrement, et, frappé du volume considérable du scaphoïde, nous cherchâmes à le décom-
poser en le considérant comme la réunion du scaphoïde
et du semi-lunaire soudés, lorsque nous trouvâmes un
jour, dans les galeries d'anatomie comparée du Jardin
des Plantes, le squelette oublié d'un jeune Phoque, sur
lequel, à notre grand étonnement, ou plutôt à notre
vive satisfaction, nous vîmes le scaphoïde formé de trois

pièces non encore soudées ; l'une raprésentant le scaphoïde lui-même, l'autre le semi-lunaire, et enfin la
troisième l'os intercalaire des Singes, le neuvième de
leur poignet. Dès-lors, ce squelette acquit un grand
prix pour nous, d'antant plus qu'il était celui d'un
jeune Ours marin (*Phoca ursina*), le seul que possède le
Musée, celui dont Steller parle avec tant d'admiration,
et sur lequel notre attention était portée depuis longtemps déjà. Ce squelette précieux ranima notre ar-
deur, en venant confirmer de point en point la plupart
de nos prévisions, fondées seulement sur des dessins
inexacts ou sur des descriptions incomplètes. Ce squelette de jeune Ours marin, dont les membres thoraciques offrent un développement considérable, est surtout
remarquable par l'étendue de sa main et par la disposition des os de son avant-bras, dont la courbure inter-
cepte un espace inter-osseux aussi large au moins que
le nôtre, et parfaitement en rapport avec ce que nous
avons avancé sur l'étendue du mouvement de rotation
de la rame antérieure.

Cette rame antérieure du Phoque, comme la main du
Singe, est composée de cinq doigts, dont les extrêmes
sont les plus importants. Le premier doigt, celui qui
correspond au pouce, puisqu'il s'articule avec le tra-
pèze, dépasse les autres par sa longueur, et surtout par
sa force, et forme ainsi un contraste saillant avec la
famille des Carnassiers, au milieu desquels le Phoque
est encore confondu. Les doigts de cette rame vont en
décroissant du premier au cinquième, et ce dernier,
malgré sa réduction, n'en joue pas moins, dans l'élargissement de la rame, un rôle aussi important que le
premier. Tous les deux, en effet, sont supportés par
les métacarpiens les plus volumineux. Les surfaces articulaires carpo-métacarpiennes et métacarpo-phalangiennes sont également prolongées dans le sens de
l'abduction sur ces deux doigts extrêmes, et les mus-

cles destinés à opérer ce mouvement acquièrent un développement tel, que M. Duvernoy a pu prendre l'abducteur du petit doigt pour un muscle sans analogie dans l'homme, tandis qu'il n'est réellement que notre petit abducteur prolongé jusqu'au coude, ou même jusqu'à l'omoplate, au lieu de s'arrêter à l'os pisiforme. Au reste, il est peu d'anatomistes qui n'aient vu, dans leurs dissections sur l'homme, cet abducteur du petit doigt se prolonger à l'avant-bras sur le cubitus, où il atteint quelquefois le coude. La dernière phalange, la phalange unguéale de ces deux doigts extrêmes, est élargie, spatulée, sur les Otaries comme sur l'Homme et le Singe, tandis que chez les Carnassiers elle est terminée en pointe, comme l'ongle dans lequel elle s'introduit.

Cette forme de la phalange unguéale des Otaries n'est pas un fait aussi indifférent que semblerait l'indiquer le peu d'espace réservé à ces parties dans les ouvrages d'anatomie, même les plus récents. M. Duméril est le seul qui nous paraisse avoir compris ce point d'anatomie, sur lequel il publia en l'an VII, dans le *Magasin encyclopédique*, un Mémoire très-intéressant, et dont le début est ainsi conçu :

« Je me flatte de prouver que la connaissance de cette petite partie du squelette, la phalange unguéale, suffit pour indiquer toujours d'une manière certaine, non-seulement la famille et quelquefois le genre auquel l'animal a appartenu, mais encore la nature du sol sur lequel il devait se trouver, ses mouvements habituels et même l'espèce d'aliment dont il se nourrissait, etc. »

Il est bien à regretter que, dans ce Mémoire, le Phoque est le seul animal dont il ne soit pas fait mention ; et cependant sa phalange unguéale, surtout celle des deux doigts extrêmes de l'Ours et du Lion marin, ressemble tellement à la nôtre et à celle du Singe, qu'elle a servi de point de départ à toutes nos recherches sur ces animaux. C'est frappé de sa dissemblance avec celle des Carnassiers que notre esprit, choqué de voir le Phoque confondu avec eux, chercha à l'élever au rang de Cheirozoaire.

Les fléchisseurs des doigts à l'état rudimentaire ne sont pas encore distincts ; le fléchisseur superficiel est si réduit, qu'on le distingue à peine des lombricaux. Le fléchisseur profond des doigts et le fléchisseur propre du pouce offrent un volume assez considérable ; ils ne sont séparés qu'à leur insertion supérieure : leur partie inférieure donne naissance à une masse tendineuse qui, après avoir franchi l'arcade palmaire, se divise en cinq tendons, dont l'insertion s'opère sur une saillie située à la partie la plus reculée de la phalange unguéale. Ce mode d'insertion sur une saillie de renvoi, ainsi que l'extrême réduction du fléchisseur superficiel, nous permettent d'expliquer un mouvement tout particulier à ces animaux, à l'aide duquel ils opèrent une préhension rudimentaire, par la flexion à angle aigu, de la phalange unguéale sur les deux autres, maintenues dans l'extension par la nullité d'action du fléchisseur superficiel. Ce mouvement, que nous avons observé pour la première fois sur le *Phoca vitulina*, permet à ces animaux de déchirer par une forte traction les Poissons trop volumineux qu'ils tiennent entre leurs dents.

Cette disposition, qui transforme ainsi les mains en organes de préhension, et leur permet de s'en servir comme d'une gaffe, nous explique la facilité avec laquelle ces animaux gravissent les rochers les plus escarpés.

A part ces différences que nous venons de signaler dans les fléchisseurs et les abducteurs, les autres muscles de ce membre thoracique offrent, par leur nombre, leur disposition et leurs usages, la plus grande analogie avec ceux de l'Homme.

Les branches des nerfs cubital et médian, destinées

à la paume de la main, sont presque aussi développées que dans l'espèce humaine; cependant les renflements nerveux que l'on rencontre déjà chez le Singe, et qui, chez nous, donnent un si haut degré de perfection à l'organe du toucher, ne paraissent pas encore chez ces animaux ; ils n'en ont pas besoin, leurs faces palmaires étant garnies de poils.

Ainsi donc nous voyons déjà qu'à l'instar de la nôtre la main du Phoque est pourvue d'une grande quantité de nerfs ; que les doigts extrêmes y sont les plus développés, et jouissent d'un mouvement d'abduction très-étendu ; que la flexion à angle aigu de la phalange unguéale des cinq doigts supplée à l'opposition qui leur manque. Cette phalange est élargie et supporte un ongle moins engaînant que chez les Carnassiers ; et, enfin, le manche du bras, l'avant-bras (*mambrinus manus*) jouit d'un mouvement de pronation et de supination considérables. Comme dans l'espèce humaine, l'axe de la main prolonge celui de l'avant-bras.

La rame postérieure du Phoque est encore plus étendue que l'antérieure, et ce développement est presque entièrement opéré par les doigts, pendant que le tarse est réduit à des proportions qui dépassent à peine celles du carpe, absolument comme pour la main postérieure du Singe. Cette longueur si considérable des doigts de la rame postérieure, coïncidant avec un tarse si petit, offre un contraste frappant avec notre pied, dont le tarse est si développé qu'il forme un des signes caractéristiques de la bipédité, tandis que nos orteils sont réduits d'autant.

Ce premier point de ressemblance entre la rame postérieure et la rame antérieure du Phoque était d'une bien grande valeur; il avait suffi à lui seul pour nous faire traiter ces animaux de Quadrumanes ; mais il acquit une bien autre importance lorsque nous le vîmes secondé par l'extrême développement du premier et du

cinquième doigt, et bien plus encore par leur mouvement d'abduction plus étendu et opéré par des muscles
plus remarquables qu'à la rame antérieure : ainsi, par
exemple, le premier doigt est porté dans l'abduction
par son muscle extenseur, qui s'est grossi et disposé à
cet effet ; et, en second lieu, par un faisceau musculaire
détaché de la patte d'oie (demi-tendineux et demi-membraneux réunis). Nous ferons remarquer que ce faisceau
ne doit pas être considéré comme un muscle spécial au
Phoque, mais bien plutôt comme un prolongement des
demi-tendineux et demi-membraneux, dont l'action,
devenue inutile à la jambe, s'est transportée sur le
pied. Le petit doigt, ou, pour parler plus exactement,
le cinquième, car il est presque aussi long que le précédent, est porté dans l'abduction par le petit et le
moyen peronier, qui se sont également développés et
réfléchis pour cet usage.

Le muscle pédieur s'est séparé en deux faisceaux
rejetés sur les côtés et devenus des abducteurs du second
et du quatrième doigt ; le doigt du milieu est le seul
qui, comme axe, n'a pas besoin d'abducteur : ces deux
doigs extrêmes sont terminés par une phalange unguéale
plus élargie encore qu'à la main.

Si les considérations dans lesquelles nous venons
d'entrer sur le mouvement de rotation de la rame antérieure du Phoque, sur les neufs os originaires de son
poignet, sur le grand développement du premier et du
cinquième doigt, ainsi que sur leur mouvement de
préhension rudimentaire, sur l'élargissement de l'ongle
et de la phalange qui le supporte ; si, dis-je, toutes ces
considérations nous autorisent à traiter cette rame de
main, nous ne voyons pas de quel droit on pourrait nous
refuser la même latitude pour la rame postérieure. Et,
en effet, sur quels motifs repose la dénomination de
Quadrumane appliquée aux Singes? Sur la présence du
pouce, sur la longueur des doigts au pied comme à la

main, et surtout sur la petitesse du tarse, dont les os sont aussi réduits que ceux du carpe. Eh bien! ces mêmes raisons n'existent-elles pas pour le Phoque? Sa rame postérieure n'est-elle pas caractérisée identiquement, comme l'antérieure, par le développement et l'importance extrême du premier et du cinquième doigt, ainsi que par leur mouvement d'abduction, suppléant comme à la main à l'opposition qui leur manque, et surtout par la petitesse du tarse, aussi réduit que celui du Singe?

Les membres des Otaries sont presque parallèles à l'axe du corps, absolument comme ceux des Singes les plus élevés, de l'Orang, du Gorille et du Chimpanzé.

Cet axe, pendant la progression, décrit, comme chez ces derniers, une oblique, ligne transitoire de la station horizontale à la station verticale, passage, en un mot, de la quadrupédité à la bipédité, ou, mieux encore, de l'Homme aux autres Mammifères.

Voyons si cette obliquité du corps, qui n'a encore été signalée, que nous sachions, chez ces animaux, par aucun anatomiste, voyons, dis-je, si elle n'existe que dans notre esprit, et sur quelles raisons nous nous appuyons pour l'avancer.

Le besoin auquel est assujetti le Phoque de venir respirer à chaque instant à la surface de l'eau nous avait déjà fait pressentir un rehaussement dans la partie antérieure du corps, lorsqu'un examen plus attentif de ses rames acheva de nous convaincre ; et, en effet, sa rame antérieure n'a-t-elle pas pour principal usage de frapper l'eau obliquement par son puissant mouvement de rotation, et de servir à la respiration en élevant la tête qu'elle projette hors de l'eau, pendant que la rame postérieure est exclusivement affectée à la progression qu'elle opère d'autant plus efficacement que son extension est prolongée par un mouvement de rotation si complet qu'il transforme en postérieure la face palmaire primitivement antérieure. La position perpendiculaire du fémur sur l'axe du corps, ainsi que la flexion permanente de la jambe sur la cuisse, facilitent leurs mouvements de circumduction et de rotation, dont l'effet est continué par la torsion des articulations tarsiennes et tibio-tarsiennes.

La myologie de tout ce membre pelvien offre avec la nôtre la plus grande ressemblance; seulement la plupart des muscles extenseurs et fléchisseurs deviennent en même temps aptes à l'abduction et à la rotation par l'obliquité de leurs tendons, leur enroulement et leur renvoi sur les os du tarse.

Si nous en croyons Dampierre, Steller et Péron, les Phoques marchent sur le sol en se tenant obliquement; ils commencent par redresser la partie antérieure de leur corps, appliquent leur rame thoracique contre leur poitrine, et, à l'aide d'une sorte de ramper opéré par leur bassin, qu'ils fléchissent sur la colonne vertébrale, par l'action de forts muscles psoas et iliaque, ils exécutent ainsi une marche si lente, qu'ils sont obligés de s'arrêter tous les quinze ou vingt pas.

Leurs rames antérieures leur servent toutes les fois qu'ils sortent de l'eau pour s'élever sur les rochers ou sur les dunes qui bordent la mer, ou qu'ils veulent ramper sur un terrain montueux. Ainsi donc, leur ramper sur le sol s'exécute au moyen des inflexions de la colonne vertébrale, tandis que leurs quatre extrémités, converties en rames, leur servent pour nager avec toute l'aisance imaginable; et, soit qu'ils aient recours à l'une ou à l'autre de ces sortes de locomotion, l'axe de leur corps est oblique comme celui des Singes, auxquels nous allons les comparer.

Si nous rapprochons un instant les membres du Phoque de ceux du Singe, de quel contraste ne sommes-nous pas saisi? et cependant tous deux sont composés des mêmes éléments appropriés au genre de vie de chacun, modifiés pour le milieu dans lequel ils sont appelés à vivre.

Est-il possible à l'homme, initié aux lois, aux secrets de la création, de rester indifférent, de ne pas s'exalter parfois devant cette prodigalité de moyens à l'aide desquels le Créateur semble s'être joué des difficultés en modifiant de mille manières un même organe pour l'approprier au genre de vie de chaque individu! Et, pour ne parler en ce moment que des animaux les plus voisins de l'homme, n'est-il pas sublime de voir cet organe, la main, convertie en instrument de préhension, en rame aérienne ou en rame natatoire, suivant que l'animal est appelé à vivre sur les arbres, à planer dans les airs ou à voguer dans les eaux! C'est pour avoir trop souvent perdu de vue ces raisons biologiques, que les naturalistes se sont refusés à voir des rapports si évidents qu'ils s'imposent forcément, comme les rames du Phoque vont nous en offrir un exemple.

Le Singe, celui dont les mains sont les plus ressemblantes à celles de l'homme, destiné à voyager sur les arbres, devait avoir en partage les mouvements les plus étendus et la plus grande mobilité possible. C'est, en effet, le problème qu'a résolu le Créateur en allongeant ses membres, surtout les antérieurs, d'une manière presque démesurée, en ajoutant un neuvième os à son poignet, et en munissant son épaule d'une clavicule plus longue encore que la nôtre; dispositions toutes plus favorables l'une que l'autre à l'extension des mouvements.

Le Phoque, au contraire, appelé à vivre dans l'eau. devait être le mieux organisé possible pour la nage. N'a-t-il pas le corps effilé comme les Poissons? Ses quatre extrémités ne sont-elles pas converties en rames, dont les mouvements sont surtout remarquables par leur force et leur précision, conditions qui, chez le Singe, ont toutes été sacrifiées à la mobilité?

Le Singe, pour se tenir sur les arbres, devait avoir des organes de préhension nombreux, sûrs et prompts ; c'est pour cette raison qu'il est quadrumane, et que, dans chacune de ses mains, la préhension est assurée par la force et surtout par la fusion des muscles fléchisseurs. Cette fonction, en se simplifiant, est devenue plus facile et plus certaine que cela n'aurait lieu chez nous, par exemple, où le fléchisseur du pouce est complétement isolé et distinct des fléchisseurs communs des doigts.

Le Phoque, comme tout animal nageur, devait avoir des rames au moins susceptibles de présenter alternativement à l'eau leur plat et leur tranchant ; c'est, en effet, ce qui arrive, et la seule chose dont les anatomistes furent d'abord frappés. Mais lorsqu'on vient à analyser, à disséquer les rames, comme nous venons de le faire, de combien ne les trouve-t-on pas supérieures à toutes celles connues jusqu'ici, et le cachet de cette supériorité ne se manifeste-t-il pas par les mêmes signes qui caractérisent la main du Singe et de l'Homme ? Etendue des mouvements de pronation et de supination ; développement des doigts tant en avant qu'en arrière, et surtout des deux extrêmes, terminés par une phalange unguéale humaine, c'est-à-dire élargie et jouissant d'un mouvement d'écart si considérable qu'il n'appartient qu'à ces animaux et supplée largement à l'opposition qui leur manque, toutes ces raisons ne justifient-elles pas suffisamment la dénomination de Quadrumanes aquatiques que nous avons hasardée au commencement de ce mémoire ? Elles n'ont cependant qu'une bien faible valeur à côté de celles que nous pourrions tirer de la présence dans ces rames de nerfs presque aussi développés que dans la main de l'homme. et surtout de leur comparaison avec le cerveau.

Cette hypertrophie des nerfs ne nous apprend-elle pas, en effet, que, par-dessus tout, la face palmaire de ces rames, celle qui doit prendre point d'appui sur l'eau, est douée d'une sensibilité qui rend leur action pour ainsi dire intelligente, en permettant à ces animaux de la modérer à volonté? et, lorsque nous voyons ces rames nerveuses des Phoques appartenir à un cerveau ne le cédant en rien à celui des Singes, comment persister à maintenir ces animaux dans l'ordre des Carnassiers, dont le cerveau, beaucoup moins volumineux, offre des circonvolutions d'un ordre moins élevé?

Le sens de l'odorat est si développé, si important chez les Carnassiers, qu'ils ne vivent en quelque sorte que par lui et pour lui. Cet acte physiologique, si indispensable à ces animaux, dont il est pour ainsi dire la boussole, s'explique très-bien en anatomie par le volume de leurs nerfs olfactifs, développés au point de former un lobe considérable pourvu d'une cavité ou ventricule analogue à celle du cerveau; ces nerfs occupent à eux seuls une grande partie de la loge frontale, déjà si rétrécie par l'empiètement des fosses nasales extraordinairement accrues. Nous devons à l'obligeance de notre ami Gratiolet de nous avoir signalé le peu de volume des nerfs olfactifs chez le Phoque, où ils sont aussi semblables que possible à ceux de l'Homme et du Singe, ayant à peine quelques millimètres de circonférence. Ne résulte-t-il pas de ce fait que les loges frontales du Phoque, déjà plus spacieuses tant en hauteur qu'en largeur, ne sont plus occupées, comme chez les Carnassiers, par des nerfs olfactifs aussi volumineux, mais bien par des circonvolutions frontales, les circonvolutions par excellence, celles qui sont certainement réservées aux plus hautes facultés affectives et intellectuelles.

Presque tous les Carnassiers (mamelles multiples) ont douze petites incisives, six en haut et six en bas; l'Homme et le Singe n'en possèdent que huit, quatre en

haut et quatre en bas, mais toutes bien développées
tant en hauteur qu'en largeur.

Les Phoques nous présentent quelquefois cette dernière formule, quatre en bas et quatre en haut ; mais,
cependant, le plus souvent un état intermédiaire, six
en haut et quatre en bas, et jamais le chiffre des Carnassiers. Cette conformité des incisives du Phoque avec les
nôtres, d'abord à leur mâchoire inférieure, ne doit pas
nous étonner, puisque cet animal occupe la place la
plus déclive dans la classe des Cheirozoaires. Ainsi
donc, ces caractères, tirés des incisives et des nerfs olfactifs des Phoques, viennent justifier l'importance que
nous donnons à ces animaux, en les élevant au rang
des Cheirozoaires. Si nous insistons sur ce nombre des
incisives, c'est parce que ces dents deviennent des organes si importants de la phonation que, dans un travail projeté sur les races humaines, nous nous proposons de nous en servir plus qu'on ne l'a fait jusqu'à
présent, pour la distinction des différentes races
d'abord, et plus encore pour la séparation des divers
peuples dont elles se composent ; et, pour ne parler en
ce moment que de la race blanche, nous ferons remarquer que les peuples du midi de l'Europe, ceux qui forment la lisière de la Méditerranée, ne se rapprochent
pas moins de la race noire par la direction et la forme
de leurs incisives que par leur position géographique,
leur couleur brune et leurs cheveux frisés, commencement du crépu, tandis que chez les peuples du Nord,
ceux dont la blancheur est la plus parfaite et la plus
élevée, les incisives sont si belles et offrent un tel développement qu'elles sont devenues proverbiales chez
nous, qui semblons leur porter envie ; et, en effet, quel
contraste entre ces prononciations compliquées, diffi-
ciles, impossibles même, quand on n'a pas les organes,
des idiômes du Nord, et ces langues si faciles, si mé-
lodieuses, à peine articulées, accentuées seulement, des

peuples du Midi ! Les molaires des Phoques, toujours
en nombre égal aux nôtres, se distinguent encore de
celles des Carnassiers par leur peu de dissemblance.
Cette homogénéité des molaires est si remarquable
qu'il est à peine possible de les distinguer en grosses et
petites molaires comme chez nous ; elle contraste singulièrement avec la forme si dissimulaire des molaires
des Carnassiers (mamelles multiples).

Les deux squelettes de Lion et d'Ours marin de la
galerie d'anatomie comparée du Jardin des Plantes sont
très-remarquables par la brièveté de leur queue ; cependant, les pièces qui les composent sont encore assez
nombreuses pour que les anatomistes n'aient pas été
conduits à les comparer au coccyx de l'Homme et des
Singes anoures. Frappé du peu de volume du sacrum
de ces squelettes, comparé à celui du Singe et au nôtre,
il nous vint à l'esprit qu'il ne pouvait être composé de
cinq pièces comme celui de ces derniers ; et, en effet,
la chose était facile à vérifier sur le squelette d'Ours
marin, puisqu'il n'est pas encore épiphysé.

Le sacrum de ce jeune Phoque, ou, pour parler plus
exactement, sa première pièce ou vertèbre sacrée, comme
toutes les autres vertèbres, est simple et indivise ; elle
ressemble parfaitement au volume près aux quatre sui-
vantes, qui, pour les anatomistes, sont les quatre premières vertèbres caudales ou coccygiennes, et dont nous
allons nous servir pour compléter le sacrum de ces animaux ; et alors il sera identiquement composé comme
le nôtre, c'est-à-dire de cinq pièces dont la soudure
seulement ne s'effectue pas, et, en même temps, le
nombre des pièces coccygiennes qui s'élevait à huit se
trouve réduit à quatre, nombre aussi peu éloigné que
possible du nôtre, composé seulement de trois pièces.

Cette manière de voir est, du reste, pleinement confirmée par la petitesse de l'os iliaque, qui ne pouvait
s'articuler qu'avec une vertèbre tout au plus, et, en

outre, elle cadre parfaitement avec la place que nous assignons à ces Phoques au sommet des Quadrumanes aquatiques.

Des mœurs des Phoques.

Les Phoques vivent en société; on en trouve des troupeaux immenses dans les régions glaciales, aux approches des deux pôles. Ces animaux sont voyageurs; ils opèrent deux migrations par an : la première se fait au printemps, vers le mois de juin ; ils abordent sur des îles désertes, où ils séjournent pendant deux mois environ pour le part et la lactation, sans prendre de nourriture. Lorsque les petits sont assez développés, ils se remettent à la mer jusqu'à ce qu'ils aient repris leur embonpoint, et alors un nouveau besoin, celui de la reproduction, les ramène sur les lieux de leur naissance, où il se passe des choses bien curieuses.

Les femelles se séparent toutes des mâles, et sont rangées d'un côté pendant que ceux-ci se heurtent entre eux et se battent avec acharnement, mais toujours individu contre individu. Ce caractère de générosité, observé par Péron sur le Phoque à trompe, se retrouve aussi dans l'Ours marin. (Steller, *de Bestiis marinis*, p. 351. *Si duo adversus unum pugnant, alii oppressi veniunt in auxilium indignati impares certaminis.*)

Laissons parler un instant Péron :

« Les deux colosses rivaux se traînent pesamment ; ils soulèvent toute la partie antérieure de leur corps sur leurs nageoires postérieures ; ils ouvrent une large gueule, leurs yeux paraissent enflammés de désir et de fureur; puis, s'entrechoquant de toute leur masse, ils retombent l'un sur l'autre, dent contre dent ; ils se font réciproquement de larges blessures, ils ont quelquefois les yeux crevés, ils perdent leurs dents. Le sang coule abondamment, mais ils continuent ce combat jusqu'à

l'entier épuisement de leurs forces; il est cependant
rare d'en voir rester un sur le champ de bataille, et
leurs blessures se guérissent très-rapidement, ce que
les pêcheurs attribuent à la quantité et à la qualité de
leur graisse. Pendant ce combat, la femelle attend avec
indifférence le mâle que le sort lui prépare. Fier de sa
victoire, le mâle s'approche, choisit la femelle qui paraît lui convenir le plus : celle-ci se renverse sur le
côté; le mâle la saisit fortement avec ses nageoires antérieures, et s'applique contre son ventre; ils s'accou-
plent. Dans cet état, qui dure environ quinze minutes,
rien ne saurait les distraire; ils ne font entendre aucun
cri, toutes leurs facultés semblent anéanties par le plaisir. Cette première jouissance ne suffit pas pour calmer
les appétits luxurieux du vainqueur; tant qu'ils durent,
il est impossible aux autres mâles d'approcher d'aucune femelle. »

L'amiral Anson avait fait la même remarque; il rapporte que ses matelots, comparant ce Phoque jaloux et
despote au maître d'un harem turc, l'avaient surnommé
le *Bacha*.

Steller a fait la même observation sur l'Ours marin.

« Lorsqu'il a épuisé ses désirs, continue Péron, le
sultan abandonne le sérail, et les autres Phoques s'ac-
couplent indifféremment avec les unes et les autres.

« La durée de la gestation paraît être de neuf mois; les
femelles, fécondées vers le mois de septembre, commencent à mettre bas au mois de juillet, à la faveur de la
douce chaleur du printemps. Lorsque les femelles ont
mis bas, ont allaité et ont été fécondées de nouveau,
toute la troupe reprend la route du Nord pour y demeu-
rer pendant la trop grande chaleur et revenir au printemps sur les rivages tempérés. »

Ces migrations, si bien observées par Péron sur le
Phoque à trompe, dans son *Voyage aux terres australes*, appartiennent également aux Phoques du pôle

nord, comme Steller l'a vu sur l'Ours marin. Il est
probable que tous les Phoques y sont plus ou moins
soumis.

Pendant le sommeil de ces animaux, il y en a toujours un ou plusieurs veillant constamment, pour donner l'alarme en cas de danger, et alors ils s'efforcent de
regagner le rivage pour se précipiter à l'eau.

Le Phoque est d'un naturel doux et facile ; on peut
errer sans crainte au milieu de leurs troupeaux. On n'en
vit jamais chercher à s'élancer sur l'homme, à moins
de provocations très-violentes. Les pêcheurs disent qu'ils
sont tout aussi doux dans les flots ; ils se baignent im-
punément au milieu d'eux. Ils sont susceptibles d'une
certaine éducation et d'un véritable attachement pour
l'homme. Steller rapporte l'histoire d'un pêcheur qui
avait apprivoisé un jeune Ours marin, et sur lequel il
montait comme sur un cheval, et qui venait à sa voix,
en lui présentant alternativement l'une et l'autre main.
Cet animal souffrait tout de son maître.

Lorsqu'ils sont malades ou âgés, ils vont se coucher
au pied de quelque arbrisseau jusqu'à leur mort,
« comme si, par un sentiment de patrie, dit Péron, ils
voulaient quitter la vie dans les lieux mêmes où ils la
reçurent. » En se retirant sur des îles sauvages et solitaires, si le Phoque n'a rien à craindre des autres animaux, il n'est pas à l'abri des poursuites de l'homme.

« En voyant, dit Péron, un féroce matelot anglais,
armé d'un lourd bâton, courir au milieu de ces troupeaux de Phoques, réunis pour le besoin pressant de la
parturition, en assommer autant qu'il en frappe, et
s'entourer en peu de temps de leurs cadavres, on ne
peut s'empêcher de frémir sur l'espèce d'imprévoyance
ou de cruauté de la nature, qui ne semble avoir créé
des êtres si puissants, si doux et si malheureux, que
pour les livrer aux coups de leurs ennemis. La défense
que ces animaux peuvent opposer est bien faible ; leur

masse graisseuse ne sert'qu'à les embarrasser, et leurs dents n'ont de redoutable que l'apparence. »

Des Quadrumanes aériens.

Les animaux compris sous cette désignation nous touchent de si près, que les divers appareils dont se compose leur économie sont presque élevés au diapason organique des nôtres : non-seulement il n'existe plus qu'une seule paire de mamelles, mais ces glandes sont situées sur la poitrine même, chez les moins élevés (Cheiroptères); aussi la femelle, lorsqu'elle allaite son petit, le tient-elle dans ses bras ou dans ses ailes, et peut-elle communiquer avec lui d'une manière aussi directe que dans notre espèce.

Le pénis, encore caché dans une gaine sous-cutanée chez les Quadrumanes aquatiques (Cétacés, Phoques), devient complétement extérieur et pendant comme le nôtre. Les organes sexuels sont tous les mois le siége d'un écoulement menstruel, comme chez la femme ; aussi ces animaux sont-ils, ainsi que nous, aptes en tous temps à la génération : la réunion des sexes n'est plus restreinte à des époques fixes et éloignées, comme chez tous les Mammifères sous-jacents.

Leur régime frugivore nous avertit que le système dentaire s'écartera peu du nôtre. Quant à leurs membres, ils sont inhabiles à se mouvoir sur le sol, modifiés qu'ils sont pour une locomotion plus ou moins complétement aérienne. Les Cheiroptères les mieux organisés pour le vol ne peuvent que se traîner sur le sol, et encore ils décrivent en marchant une ligne en zigzag. Les Singes, destinés qu'ils sont à se mouvoir sur les arbres, marchent un peu moins difficilement : lorsqu'ils sont à terre, ils n'appuient cependant encore que sur le bord externe de leurs pieds; ils ne peuvent marcher ainsi

longtemps sans se fatiguer, aussi les surprend-on rarement à l'écart des arbres.

Chez tous ces animaux, comme chez les Rongeurs
aériens, les membres thoraciques sont munis de clavicules bien développées. Suivant que leur locomotion est
complétement aérienne ou qu'elle s'exécute seulement
sur les arbres, ils se séparent en deux catégories, les
Quadrumanes aériens ou les Cheiroptères, et les Quadrumanes semi-aériens (Arboricoles) ou les Singes.

Des Cheiroptères.

Ces animaux ont leur économie aussi profondément
modifiée que possible pour une locomotion complètement aérienne : leurs membres thoraciques sont con-
vertis en ailes par l'allongement démesuré du bras, de
l'avant-bras, et surtout des phalanges ainsi que des métacarpiens, disposés à l'instar de baguettes d'éventail
sur lesquelles est étalée une peau nue et fine d'une élasticité remarquable et presque entièrement formée par
des nerfs. L'action de ces mains, transformées en ailes,
est singulièrement favorisée par la disposition des os de
l'avant-bras, dont la fixité ne permet aucune espèce de
rotation, ainsi que par la fusion des os de la première
rangée du carpe, dont les articulations sont tellement
disposées, qu'elles s'opposent aux plus légers mouvements de diduction, tout en permettant au poignet de se
fléchir sous un angle assez aigu pour que les phalanges
et les métacarpiens, pendant le repos de l'aile, puissent
s'appliquer immédiatement sur l'avant-bras. Des cinq
doigts de cette aile, les deux extrêmes sont les plus importants : le premier, parce qu'il est muni d'un ongle
et d'une phalange unguéale, quand les autres en sont
privés ; qu'il occupe la place du pouce et exécute des
mouvements d'opposition. Le cinquième, parce qu'il
est soutenu par le métacarpien le plus fort et le plus

long, et qu'il supporte l'expansion cutanée des flancs d'une dimension presque égale à elle seule à celle qui occupe l'ensemble des espaces interdigitaux.

La clavicule, l'omoplate et le sternum sont très-développés, afin de recevoir, comme chez les Oiseaux, l'insertion de puissants muscles pectoraux.

Les membres pelviens, devenus inutiles, sont aussi réduits que possible, tout en conservant la disposition élevée des nôtres ; ils nous rappellent, par cette espèce d'atrophie, leur disparition complète opérée au début de ce dixième et dernier mode reproducteur chez les Cétacés. Leurs doigts, au nombre de cinq, d'égale longueur, sont garnis d'ongles acérés dont les extrêmes sont les plus importants, puisque le plus souvent ces animaux ne sont suspendus, pendant leur sommeil ou leur léthargie, que par un d'eux. Si l'organe de la vue est affaibli chez la plupart de ces animaux, il est largement suppléé par un développement acoustique cutané sans exemple dans la série.

Les expériences de Spallanzani nous avaient suggéré l'idée que l'aile des Cheiroptères pouvait être munie de renflements nerveux semblables à ceux dont la présence sur le trajet des nerfs palmaires et plantaires cutanés explique si bien la supériorité tactile qui caractérise nos mains et nos pieds, malgré l'épaisseur considérable de la couche épidermique indispensable pour éviter l'usure et la douleur que produirait inévitablement le contact incessant de surfaces si sensibles avec les corps durs qu'elles sont appelées à explorer. Mais, en réfléchissant que ces ailes ne font que palper l'air, l'épaisseur de cette couche protectrice, et par suite les renflements nerveux qu'elle nécessite, devenaient inutiles ; aussi est-ce en vain que nous nous sommes livré à de minutieuses recherches pour découvrir un organe dont ces animaux n'ont pas besoin, et que remplacent suffisam-

ment les nombreux filets nerveux dont cette aile est
pourvue.

Ces nerfs cutanés se distribuent presque exclusivement, comme chez nous, à la face palmaire, celle qui
palpe l'air pendant qu'elle prend son point d'appui
sur lui.

Une texture aussi éminemment nerveuse, et recouverte d'une couche épidermique aussi mince, permet à
cette face palmaire des Cheiroptères, malgré l'absence
de renflements nerveux, d'explorer l'air et de percevoir
les moindres vibrations imprimées à ce fluide élastique,
absolument comme la face palmaire de nos mains per-
çoit les plus légères inégalités des corps solides sur lesquels elle s'applique. L'action de cet organe peut être
comparée à celle de l'œil et de l'oreille, dont il remplit, du reste, les usages, et auxquels il supplée parfaitement bien, sans qu'il soit nécessaire de faire interve-
nir un sixième sens pour comprendre les singuliers
résultats obtenus par Spallanzani à l'aide des ingénieuses
mutilations auxquelles il a soumis ces animaux.

Le cerveau des Cheiroptères, par sa surface lisse et
privée de circonvolutions, ressemble beaucoup à celui
des Plantigrades insectivores; le peu de développement
des hémisphères et de la commissure qui les unit nous
rappelle les Rongeurs et les Oiseaux, dont ils se distinguent cependant par leur ensemble, dont la forme appartient évidemment à l'ordre le plus élevé, à celui des
Cheirozoaires.

La forme ainsi que la disposition du système dentaire
viennent encore ajouter à la dégradation dont le cerveau
est empreint, et nous expliquer comment ces animaux
ont pu être compris dans l'ordre des Carnassiers. Du
reste, G. Cuvier lui-même, tout en dérogeant aux
principes posés par Linné, commence par avouer l'erreur qu'il va commettre, puisqu'il débute ainsi, les
Cheiroptères, la première famille de ses Carnassiers

« ils ont encore quelques affinités avec les Quadrumanes par leur verge pendante et leurs mamelles placées sur la poitrine, etc. »

Tous les Cheiroptères ont une existence nocturne ou crépusculaire.

Cette famille, de même qu'une des précédentes, celle des Plantigrades proprement dits, se distingue en deux tribus, les Insectivores et les Frugivores, suivant que le régime des animaux qu'elle renferme se rapproche plus ou moins du nôtre.

Des Cheiroptères insectivores.

De même que les Cétacés, les Cheiroptères insectivores sont placés au début d'un des ordres qui composent la grande famille des Cheirozoaires : aussi ces animaux ne sont-ils pas moins profondément modifiés pour l'élément auquel ils appartiennent que les Cétacés ne l'étaient pour le leur, et, de même que chez ces derniers, la forme du corps descend jusqu'à celle des Poissons ; de même, chez les Cheiroptères insectivores, elle peut lutter avec celle des Oiseaux par le prolongement de la membrane alaire, qui, en circonscrivant le corps, le transforme entièrement en aile ou en parachute. Cette expansion cutanée, dont l'action, en s'ajoutant aux ailes, double leur puissance, est maintenue par trois baguettes osseuses représentées par la queue et les membres pelviens, dont les os sont tellement disposés qu'ils simulent les baguettes digitales de l'aile.

Si ces Cheiroptères insectivores, destinés à se procurer leur nourriture en volant comme les Hirondelles, sont aussi mal partagés du côté de la vue, en revanche ils sont largement compensés par la finesse de l'odorat, et surtout de l'ouïe, dont l'action collective est tellement augmentée par les singulières expansions cutanées dont ces sens sont précédés, qu'il n'existe rien de semblable dans la série.

Le système dentaire de ces animaux a une grande analogie avec celui des Plantigrades insectivores, avec cette différence cependant que sa formule, et surtout celle des incisives, ces dents appelées prochainement à jouer un rôle si élevé, tend à se confondre avec la nôtre.

Des Cheiroptères frugivores.

Ces animaux, connus sous le nom de Roussettes, sont les plus grandes espèces de Cheiroptères ; ils composent une petite tribu dont la position au sommet des Cheiroptères se dessine par une projection marquée vers les Quadrumanes arboricoles (semi-aériens ou Singes) les plus élevés. En effet, comme ces derniers, ils vivent des fruits des arbres auxquels ils restent suspendus pendant leur repos : leur système dentaire présente identiquement la même forme et le même nombre ; leur prolongement caudal, rudimentaire ou complétement absent, permet de leur appliquer le même mode de division qu'aux Singes les plus élevés en organisation, ceux de l'ancien continent, Urodèles et Anoures.

Les Roussettes anoures dépassent encore les autres par leur envergure, dont l'étendue considérable atteint presque jusqu'à deux mètres. En même temps que ces animaux font appel aux Singes, ils se détachent de la tribu précédente (Cheiroptères insectivores) par un prolongement proportionnel moindre de la membrane des ailes, ainsi que par un développement plus considérable du pouce et la présence d'un ongle à l'indicateur. Les deux doigts extrêmes du pied sont sensiblement plus forts que les intermédiaires ; le calcanéum n'est plus pourvu d'éperon.

Le nez et les oreilles ne sont plus entourés d'expansions cutanées comme chez les Cheiroptères insectivores.

DES QUADRUMANES ARBORICOLES.

(Semi-aériens, Singes.)

L'économie des Singes, ou Quadrumanes semi-aériens, est aussi heureusement appropriée au genre de locomotion qui convenait à des animaux destinés à vivre sur les arbres que celle des Chéiroptères était profondément modifiée pour l'élément dans lequel ces derniers sont appelés à se mouvoir : aussi les extrémités de ces arboricoles sont-elles merveilleusement favorisées sous le rapport de la mobilité, en même temps qu'elles sont terminées par des organes de préhension (Quadrumanes), auxquels vient assez souvent s'en ajouter un cinquième formé par le prolongement caudal, dont l'extrémité devient préhensible.

Cette conversion en mains des membres thoraciques et pelviens des Singes est, sans aucun doute, le fait culminant de leur organisation ; il représente à lui seul, comme l'avait si bien compris notre célèbre Buffon, le véritable pivot sur lequel repose toute l'économie de ces animaux ; aussi son examen comparé doit-il nous donner la clef des autres appareils dont la ressemblance avec les nôtres devient telle, qu'il nous suffira, pour faire connaître ces animaux, d'insister sur les moins élevés, ceux dont l'organisation aussi radicalement modifiée que possible pour une existence complètement arboricole (Galéopithèques, Tartigrades) ne se prête plus, sur le sol, qu'avec difficulté à une locomotion lente et embarrassée. Le Galéopithèque, le plus dégradé des Singes de l'ancien continent, rappelle en effet, par ses expansions cutanées, les Cheiroptères, auxquels G. Cuvier, moins heureux que Linné, l'avait associé.

Les Bradypes ou Paresseux, les plus déformés des
Singes du nouveau continent, et par conséquent de
toute la famille des Quadrumanes semi-aériens ou arboricoles, sont encore confondus avec les Ornithodelphes
et les Plantigrades insectivores, dont l'incohérente réunion est désignée, dans la plupart des traités de zoologie, sous le nom d'édentés.

Cette profonde altération qu'a subie l'organisme entier de ces singuliers animaux, loin d'apporter des entraves à notre nouvelle zooclassie, ne fait, au contraire,
que l'étayer davantage, en refoulant dans les classes
sous-jacentes les ordres auxquels ils appartiennent; et,
en effet, la plus légère attention sur la disposition des
organes reproducteurs de ces animaux, en apparence
si défectueux, eût suffi pour éviter l'erreur partagée
par la plupart des zoologistes modernes. La pectoralité
des mamelles des Bradypes est-il donc un fait d'une si
minime importance pour occuper aussi peu d'espace
dans les traités d'anatomie comparée, même les plus
récents, quand nous voyons celle réservée à l'énumé-
ration des vertèbres, au nombre de neuf, il est vrai, à
la région cervicale de ces animaux?

Le parallélisme des yeux, la réduction des nerfs olfactifs, ainsi que la forme et le volume du cerveau de
ces Quadrumanes dégradés, malgré la presque entière
disparition des circonvolutions, tous ces faits ne viennent-ils pas confirmer un rapprochement que la forme
de leurs membres aurait déjà dû faire pressentir depuis
longtemps?

La grande ressemblance des Quadrumanes avec les
Bimanes a suggéré à Buffon l'heureuse idée de les distinguer en deux tribus, d'après leur circonscription
géographique, les Singes du nouveau continent et ceux
de l'ancien. Nous suivrons cette division avec tout le
scrupule que mérite une aussi haute conception.

Des Singes du nouveau continent.

Ces animaux sont évidemment les moins élevés de la grande famille des Singes ; aussi leur existence est-elle plus complétement arboricole ; la plupart même ne descendent jamais à terre : tous, à l'exception des Paresseux, sont pourvus d'un prolongement caudal d'une longueur considérable, dont la disposition, le plus souvent préhensible, vient encore s'ajouter aux mains, en prolongeant, pour ainsi dire, leur action. La partie tactile de cette queue préhensible, lorsqu'elle est nue et calleuse, comme chez les Atèles et les Alouates, ne nous paraît pas douée d'un tact aussi délicat que le prétendent certains anatomistes ; les nerfs qui s'y distribuent sont peu nombreux ; ils ne sont accompagnés d'aucun renflement.

Les mains antérieures sont privées de pouce chez les Atèles ; chez les Ouistitis, ce doigt mérite à peine son nom, placé qu'il est sur le même rang que les autres doigts, et peu apte par conséquent à se prêter au mouvement d'opposition. Au reste, ce doigt caractéristique, lors même qu'il est placé dans le sens de l'opposition, ne rend que de bien faibles services à ces animaux, puisqu'il ne reçoit de la masse commune des tendons fléchisseurs qu'une corde motrice si grêle que l'on éprouve de la difficulté à la découvrir.

Chez tous ces Singes du nouveau continent, les ongles, à l'exception de ceux des pouces, ont une tendance manifeste à revêtir la forme de griffes ; cette disposition, plus marquée chez les Ouistitis, leur a valu le nom d'Arctopithèques.

Le système dentaire s'éloigne un peu du nôtre par le nombre des molaires, ainsi que par les pointes dont elles sont recouvertes.

Cette tribu renferme les Paresseux, les Ouistitis, les

Sakis, les Saïemeris, les Sapajous, les Atèles et les Alouates.

Chez tous ces animaux, d'une douceur remarquable, les ouvertures des narines sont latérales.

Des Singes de l'ancien continent.

L'économie de ces animaux se rapproche beaucoup plus de la nôtre que celle des Singes du nouveau continent, dont elle se distingue facilement par l'organisation des membres, constamment terminés par cinq doigts, même chez les plus dégradés (Lemuriens, Galéopithèques), ainsi que par la disposition des narines, dont les ouvertures deviennent terminales.

L'extrémité caudale, si développée et si souvent préhensible chez les Singes du nouveau continent, nous servira à distinguer ceux de l'ancien continent, suivant qu'elle s'effacera plus ou moins complétement.

Des Singes urodèles.

Les Urodèles de l'ancien continent sont beaucoup plus nombreux que les Singes anoures ou anthropopithèques; leur prolongement caudal, moins développé que celui des Singes du nouveau continent, tend évidemment à disparaître, puisqu'il existe à peine chez les plus élevés.

Les moins élevés de cette tribu, ceux dont le développement des membres pelviens, à l'instar de ceux des Rongeurs, l'emporte sur celui des membres thoraciques, ont toujours été tenus à l'écart dans une section particulière, celle des Lemuriens.

Cette première division des Singes urodèles de l'ancien continent renferme le Galéopithèque, l'Aye-Aye ou Myspithèque, les Tarsiers, les Galagos, les Cheirogales, les Makis, les Indris et les Loris.

Ces animaux se font remarquer par leurs ongles en

griffes au deuxième et quelquefois au troisième doigt des extrémités pelviennes et à tous les doigts des deux paires de membres chez le Galéopithèque seulement.

Leur museau plus allongé, leurs incisives plus nombreuses à la mâchoire inférieure, ainsi que leurs molaires hérissées de tubercules pointus, les rapprochent un peu des Insectivores ; le développement plus considérable des membres pelviens rend ces animaux plus agiles, en leur permettant de s'élancer, par le saut, à d'assez grandes distances. Les mamelles multiples des Tarsiers, des Galagos et des Cheirogales refoulent cette tribu jusqu'à l'embranchement sous-jacent.

Dans la seconde division, la plus élevée de la tribu des Singes urodèles de l'ancien continent, l'inégalité des membres, lorsqu'elle existe, est à l'avantage de la paire thoracique. Cette section renferme les Cynocéphales, les Semnopithèques, les Guenons et les Macaques ; chez ces derniers, la queue est aussi réduite que possible, ainsi que nous l'indique le surnom de Singe à queue de cochon sous lequel est connu le Maimon, ainsi que le Rhésus ou Patas à courte queue.

Chez tous ces Singes, les fesses sont dénudées de poils et recouvertes de callosités qui permettent à ces animaux de se tenir assis comme nous et de se reposer lorsqu'ils sont fatigués de marcher.

A part la saillie plus prononcée des canines, le système dentaire est semblable au nôtre ; tous sont pourvus d'abajoues d'une grande capacité, dans lesquelles ils peuvent accumuler des provisions : ils ont les pouces opposables aux deux paires de membres, ainsi qu'un cerveau plus développé.

Des Singes anoures.

Comme tous les chefs de famille, les Anoures óu Singes privés de queue sont très-peu nombreux ; leur tribu ne se compose actuellement que du Magot, du Gibbon, de l'Orang-Outang, du Gorille et du Chimpanzé.

Ces Singes anthropomorphes, dont l'économie est si peu distante de la nôtre, se dessinent au-dessus des Urodèles de l'ancien continent par le développement de leurs membres thoraciques, dont la longueur démesurée, en relevant la tête de ces animaux, rapproche l'axe de leur corps de la station ventricale ; il permet même aux plus élevés (Gorille, Chimpanzé) d'affecter cette station, soit qu'ils marchent à l'aide d'un bâton ou qu'ils appuient directement sur le sol, au moyen des callosités que présente la face dorsale de leurs doigts.

Ces Anthropopithèques se distinguent encore des Urodèles par l'absence d'abajoues et de callosités ischiatiques, le Gibbon excepté : aussi ce singulier animal refoule-t-il cette tribu dans la précédente, absolument comme la tribu des Niam-niam, ou Homme à queue, refoule l'espèce humaine jusque dans les Quadrumanes aériens.

CHAPITRE III.

DE LA MAIN.

L'etude de la main est devenue beaucoup plus facile depuis que MM. Broc et Cruveilhier ont eu l'heureuse idée de la considérer comme un organe symétrique dont l'axe est représenté par le doigt médius et le métacarpien qui le supporte.

L'indifférence que la nature semble affecter dans la disposition des diverses parties dont se composent les végétaux, comparée à l'ordre et à la précision que l'on ne cesse d'admirer dans tout le règne animal, et qui, à mesure que l'on s'élève dans la série zoologique, prend un cachet tout particulier, celui de la symétrie, nous explique comment un anatomiste distingué, M. de Blainville, a pu, dans ces derniers temps, séparer la série animale en trois grandes coupes primitives, suivant que la symétrie se présente avec un degré plus ou moins élevé ; les Hétéromorphes, ou irréguliers, les Actinomorphes, ou rayonnés, et les Zygomorphes, ou pairs.

Si nous venons, en effet, à contrôler la série animale, à l'aide de cette loi de symétrie, nous voyons les individus qu'elle renferme appartenir à un rang d'autan plus élevé, qu'ils sont doués d'une symétrie plus parfaite et plus constante ; et l'homme, le chef-d'œuvre de la création, se présenter à nous symétrique au plus haut degré, ainsi que la plupart des Vertébrés, dont il occupe le sommet, et dont il se distingue surtout par son intelligence et par sa main.

Dans cet organe, la symétrie affecte la disposition la plus élevée, nous voulons dire qu'elle se dédouble ; ici, au lieu d'un organe composé de deux moitiés semblables, nous avons deux organes identiques composés chacun de deux moitiés semblables, quoiqu'en ait dit Bichat dans ses admirables *Lois d'anatomie générale*, t. I, p. 3.

Cette double symétrie, si nous pouvons nous exprimer de la sorte, ne nous indique-t-elle pas déjà à l'avance la supériorité de l'organe dans lequel elle se manifeste, supériorité d'autant plus évidente que ce caractère est l'apanage exclusif de la main, comparée aux autres organes des sens ?

Nous allons maintenant appliquer cette loi à chacune des parties qui composent la main.

Des muscles de la main.

Le doigt du milieu représentant l'axe de la main, nous nommerons abducteurs les muscles qui en écartent les autres doigts, et adducteurs ceux qui les en rapprochent.

Les éminences thénar et hypo-thénar se composent chacune de trois muscles semblables au volume près, et portant, dans l'une et l'autre région, les mêmes noms d'abducteur, fléchisseur, et opposant ou adducteur du pouce ou du petit doigt.

Les muscles inter-osseux, au nombre de huit, sont distingués en dorsaux et en palmaires; chaque région en possède quatre. Les inter-osseux dorsaux sont abducteurs, deux de l'axe lui-même, et les deux autres de l'indicateur et de l'annulaire. Les quatre inter-osseux palmaires sont adducteurs; ici, le médius en est forcément dépourvu, un axe ne pouvant être rapproché de lui-même.

Les quatre autres doigts en possèdent donc chacun un. Une difficulté surgit à l'occasion de l'adducteur du pouce, placé par les anatomistes parmi les muscles de l'éminence thénar; mais il devient inutile d'insister : les travaux de MM. Broc et Cruveilhier en ont dépossédé cette éminence, pour le restituer à la région inter-osseuse palmaire, à laquelle il appartient de droit.

Des os et des articulations de la main.

La symétrie admise pour les muscles de la main, il ne restait plus qu'un pas à faire pour la constater dans la disposition des os et des articulations. En effet, si les muscles de l'éminence hypo-thénar ne sont que la répétition de ceux de l'éminence thénar, les articulations qu'ils meuvent doivent forcément se ressembler.

Les métacarpiens du pouce et du petit doigt nous offrent, dans leurs articulations avec le carpe, deux exemples d'emboîtement réciproque semblables, seulement avec des mouvements un peu plus étendus pour le métacarpien du pouce.

Les articulations de ces mêmes métacarpiens avec la première phalange du pouce et du petit doigt se rangent dans la classe des condyliennes, et ne diffèrent entre elles que par l'étendue du mouvement d'opposition, un peu moindre dans l'articulation du pouce ; ce qui établit, au reste, une solidarité complète entre les deux articulations condyliennes et par emboîtement réciproque du métacarpien du pouce, comparées aux mêmes articulations du petit doigt. Si, en effet, l'articulation par emboîtement du métacarpien du petit doigt a moins d'étendue dans son mouvement d'opposition que la semblable du pouce, son articulation condylienne y supplée par le surcroît d'étendue de son mouvement, qui, dans la flexion, peut être porté au point de former un angle aigu et réciproquement; si le mouvement d'opposition de l'articulation condylienne du métacarpien du pouce est moins étendu que celui de la même articulation du petit doigt, puisqu'il ne peut former qu'un ang l obtus, son articulation par emboîtement réciproque vient largement à son secours; au point que, dans le mouvement par lequel ces deux doigts, le pouce et l'auriculaire, viennent à la rencontre l'un de l'autre, ils se réunissent sur la ligne médiane, preuve certaine qu'ils ont parcouru chacun la moitié de l'espace qui les séparait.

L'articulation carpo-métacarpienne du médius, ou, en d'autres termes, de l'axe, est tout à fait immobile, celles des deux doigts voisins, de l'indicateur et de l'annulaire, offrent un commencement de mobilité.

Le mouvement de flexion des articulations phalangiennes et métacarpo-phalangiennes des quatre derniers

doigts n'est pas direct, comme l'indiquent les anatomistes, mais bien incliné vers le pouce, et cette incli-
naison est d'autant plus prononcée, que le doigt est
plus éloigné du pouce: ainsi, par son mouvement de
flexion, le petit doigt croise la paume de la main, et son
extrémité arrive sur le milieu de l'éminence thénar,
quand elle devrait tomber sur l'éminence hypo-thénar,
suivant leur description. L'étendue de ce mouvement
de flexion, ou pour mieux dire d'opposition, diffère dans
les articulations métacarpo-phalangiennes ; l'angle que
forment les doigts en se fléchissant sur les métacarpiens s'ouvre de plus en plus du petit doigt vers le
pouce ; de telle sorte qu'au petit doigt il est aigu, droit
au médius et à l'indicateur, et obtus au pouce.

Des nerfs de la main.

La peau de la face dorsale de la main reçoit deux
nerfs fournis par le radial et le cubital ; ces deux filets
nerveux sont très-petits et d'un volume à peu près égal,
ils s'anastomosent sur la ligne médiane, et fournissent
aux doigts chacun cinq branches collatérales.

Deux nerfs, beaucoup plus volumineux, prolongements du cubital et du médian, sont destinés à la face
palmaire ; et si le cubital n'envoie que trois collatéraux,
c'est parce qu'il fournit seul à tous les inter-osseux,
l'adducteur du pouce y compris.

Le volume de ces nerfs palmaires, comparé à celui
des nerfs dorsaux, est tellement disproportionné, que
M. de Blainville en fut vivement frappé, lorsqu'un jour
nous lui présentâmes une préparation de leurs renflements. A vrai dire, la plupart des anatomistes ont
attribué cette différence à un épaississement du névri-
lème, mais sans doute ils n'avaient pas réfléchi à
l'usage de ces nerfs ; non-seulement ils sont remarquables par leur volume, mais en outre ils vont en

9

grossissant d'une manière frappante à mesure qu'ils approchent de leur terminaison ; de plus, ils donnent naissance à une multitude de rameaux déliés et terminés brusquement par des renflements sur lesquels nous avons besoin d'insister.

Des renflements nerveux de la paume de la main.

Il y a plusieurs années déjà, nous avons signalé ces renflements nerveux à l'attention des anatomistes et des physiologistes : cette importante découverte passa inaperçue ; quelques-uns la rejetèrent, d'autres soutinrent et soutiennent encore aujourd'hui que ces prétendus renflements nerveux ne sont autres que des vésicules graisseuses. M. Cruveilhier, plus réservé, leur accorda une place dans son *Traité d'anatomie humaine*, en ajoutant toutefois qu'ils n'étaient peut-être que l'effet de pressions réitérées, parce qu'on ne les trouvait pas chez les enfants. Mais ne pouvait-on pas objecter que la plante du pied, l'endroit où ils sont plus nombreux et plus volumineux, est précisément celui qui ne doit jamais toucher le sol, c'est-à-dire la concavité où le châtouillement devient si promptement douloureux et insupportable, et que, chez le fœtus, leur blancheur plus prononcée les distingue si bien des pelotons graisseux rougeâtres au milieu desquels ils sont suspendus, que c'est à cette disposition que nous devons de les avoir aperçus pour la première fois ?

Ces renflements nerveux sont blancs, ovoïdes, de la grosseur d'un grain de millet ; ils flottent au milieu du tissu cellulaire graisseux sous-cutané, la peau de l'éminence thénar en est complétement dépourvue ; ils sont très-abondants à la racine et à l'extrémité des doigts ; ils y offrent même un phénomène remarquable, ils sont disposés par groupes de trois, quatre ou cinq, accolés et suspendus en grappes à un même filet nerveux. Ils terminent la branche qui les supporte. Leur dureté, leur résistance sous le scalpel, permettent à celui qui les dissèque de les distinguer facilement des houppes graisseuses. Outre leur couleur blanche, leur forme ovoïde et leur consistance, le microscope permet de constater l'homogénéité de leur tissu et sa continuité avec celui du nerf dont ils ne sont qu'un épanouissement : d'ailleurs, la macération dans l'acide nitrique, en teignant les nerfs en jaune, lève toute espèce de doute à ce sujet.

Ces renflements existent à tous les âges, même chez le fœtus à sa naissance. Les mains des idiots de naissance en sont peu garnies. Sur la main des nègres, ils nous ont paru moins nombreux et moins volumineux que sur celle des blancs.

La face palmaire des Singes en présente encore une assez grande quantité. Les recherches les plus minutieuses ne nous ont pas permis de découvrir aucune trace de ces renflements sur l'aile des Cheiroptères, dont les nerfs sont cependant si développés et si importants, aussi en concluons-nous, malgré les ingénieuses expériences de Spallauzani, que la face palmaire de ces ailes n'est douée que d'un tact d'une sensibilité très-remarquable, il est vrai, mais non encore du toucher ; leur cerveau est en même temps aussi lisse que celui des Oiseaux. Nos recherches sur les faces palmaires des Phoques ont également été infructueuses.

Nous en avons découvert quelques-uns dans la plante de l'Ours brun; nous n'oserions affirmer en avoir aperçu dans les pelotes élastiques du Chat et du Chien.

Ces renflements nerveux, que la plupart des anatomistes rejettent encore aujourd'hui, sont cependant bien dignes de fixer notre attention. Ne nous expliquent-ils pas, en effet, la sensibilité si exquise et toute particulière de la paume des mains et de la plante des pieds, les seules parties qui en soient pourvues ? Ne nous donnent ils pas le mot de l'énigme si incompris jusqu'ici, comment ces deux parties de la peau, douées de la plus haute sensibilité (plante et paume), sont précisément celles où l'organe protecteur, l'épiderme, offre la plus grande épaisseur?

Aurons-nous besoin maintenant d'avoir recours à d'autres hypothèses pour expliquer le mal que peut produire le châtouillement de la plante des pieds? Pourquoi le chirurgien se refuserait-il donc à voir la cause du tétanos dans la piqûre d'un de ces renflements? N'expliquent-ils pas suffisamment la douleur du panaris, cette douleur si intense qu'elle prive le malade de sommeil, lui donne une agitation et une fièvre nerveuse, et quelquefois du délire? La petite tumeur de la paume de la main connue en chirurgie sous le nom de névrôme, et dont la compression est si douloureuse, ne serait-elle autre que le développement pathologique d'un de ces renflements? N'est-il pas remarquable que le fourmillement, ce phénomène si singulier, se manifeste surtout dans les parties pourvues de ces renflements?

Interrogez avec attention une personne privée d'un membre, et elle vous apprendra, si vous l'ignorez, les parties pourvues de ces renflements, en vous les précisant comme le siége des douleurs les plus vives qu'elle ressent dans le pied ou la main absente, soit pendant la veille, soit pendant le sommeil.

Comment nier plus longtemps une pareille découverte, quand tous les faits anatomiques, physiologiques et pathologiques viennent ainsi la confirmer?

Anatomie comparée de la main.

Un coup d'œil rapide jeté sur la série animale, en procédant du simple au composé, nous prouvera que l'intelligence apparait, se développe et croît graduelle-

— 133 —

ment, suivant une proportion presque mathématique, à
mesure que la main, d'abord à l'état d'ébauche, prend
une forme mieux définie, se dessine, se moule, pour
atteindre enfin ce haut dégré de perfection qu'elle présente chez l'homme.

Les Zoophytes ou Fissipares sont placés au bas de
l'échelle et forment la transition du règne végétal au
règne animal ; l'anatomie n'a constaté chez eux qu'un
simple filet nerveux, aussi sont-ils dépourvus de tout
appendice tentaculaire.

Les Mollusques ou Hermaphrodites, en même temps
qu'ils sont munis de ganglions nerveux, nous offrent
des tentaculaires rétractiles et ensuite de véritables
pieds (Céphalopodes).

Les Articulés, que le nombre et la symétrie des
ganglions nerveux rendent supérieurs au reste des In-
vertébrés, de même que le volume de l'axe cérébro-
spinal place les Mammifères au-dessus des Vertébrés,
sont déjà pourvus de pattes servant merveilleusement
leurs instincts et d'après le nombre desquelles les zoologistes les ont classés.

Si nous nous élevons au premier type zoologique,
aux animaux à œuf complet (Vertébrés), pourvus d'un
système cérébro-spinal, nous ne trouvons d'abord que
des appendices natatoires dont l'organisation et les
usages sont bien inférieurs aux pattes des Articulés et
surtout à celles des Exapodes. Les Reptiles, dont l'axe
cérébro-spinal est un peu plus renflé, présentent pour
la première fois deux paires de membres distingués en
thoraciques et en pelviens, suivant qu'ils sont attachés
sur la poitrine (thorax) ou sur le bassin (pelvis). Mais
ces membres, à peine ébauchés, sont inhabiles ; ils
servent seulement à la locomotion, et encore sont-ils
tellement obliques et déjetés en dehors, qu'ils peuvent
à peine détacher le corps du sol, l'animal est réduit à
ramper.

La classe des Oiseaux nous offre des membres dont le perfectionnement est en rapport avec le développement de leur cerveau, et nous indiquant qu'ils doivent occuper le sommet d'une grande division. Les moins élevés des Ovipares vertébrés, les Poissons et les Reptiles, n'ont des membres que pour un usage exclusif, nager ou ramper ; mais, chez les Oiseaux, ils ont une double fonction : le membre thoracique est tout entier disposé pour le vol, tandis que le membre pelvien est consacré à la marche et même à la préhension chez les plus élevés de cet ordre (Perroquet ou préhenseur) ; aussi voyons-nous paraître chez eux, pour la première fois, une lueur intellectuelle.

Dans le premier ordre des Oiseaux, celui des Palmipèdes, les pattes sont disposées en rames et ne servent qu'à nager. Chez les Échassiers et les Coureurs, elles exécutent la seule fonction d'où ces ordres tirent leur dénomination. Chez les Gallinacés, déjà la patte va à la recherche de l'aliment et le déterre. La griffe des Carnassiers fait plus, elle saisit, elle enserre sa proie, mais elle s'arrête là ; comme chez les Gallinacés, c'est le bec qui va au-devant d'elle.

Jusqu'ici la surface du cerveau est complétement lisse et non réfléchie. Les facultés affectives et intellectuelles sont elles-mêmes à l'état rudimentaire, sans reflexion, et par conséquent instinctives? Jusqu'ici nous ne trouvons que quatre sens, pas de toucher, pas de facultés réflectives ou intellectuelles ; mais, du moment que l'organe préhenseur, appelé plus tard à se revêtir du toucher, se manifeste pour la première fois comme chez le Perroquet, si imparfait qu'il soit, nous le voyons accompagné d'une velléité intellectuelle, ainsi que d'un commencement d'ondulation à la surface du cerveau. Nous insistons à dessein sur ce point de départ, parce que nous croyons pouvoir donner, de cette sorte, la limite précise qui sépare l'instinct de l'intelligence.

L'embranchement des Mammifères commence par
une famille, celle des Didelphes, dont les extrémités
ne servent qu'à la locomotion, et encore sont-elles
souvent si mal conformées pour cet usage, que, chez les
Kanguroos, par exemple, la queue est obligée de venir
à leur aide pour opérer l'un des modes de progression
les plus inférieurs, le saut; aussi leur cerveau est-il
presque aussi lisse que celui des Oiseaux. Cependant,
chez les plus élevés de cette famille (Ecureuil, Loir,
Polatouche), dont les extrémités thoraciques sont pourvues d'un rudiment de pouce à l'aide duquel l'animal
tient son aliment, nous voyons un cerveau plus ondulé
dont les deux hémisphères communiquent par une plus
large commissure, en même temps que des facultés cérébrales plus développées.

Si, chez les Herbivores, les moins élevés de la monodelphie, les membres sont encore exclusivement con-
formés pour la marche, ils atteignent, sous ce rapport,
un degré de perfectionnement très-remarquable.

L'organe de préhension, transporté dans leurs lèvres,
est encore uniquement au service des fonctions nutri-
tives. Il acquiert un développement tel chez les plus
élevés de cette famille, les Eléphants, qu'il permet à
ces animaux d'exécuter avec leur trompe presque tout
ce que nous faisons avec la main; aussi le cerveau de
ces animaux présente-t-il un volume en rapport avec
les facultés affectives et intellectuelles qui les caractérisent, et dont l'homme tire un parti si avantageux.

Dans la famille des Carnassiers, les moins élevés
marchent encore sur leurs doigts (Digitigrades), et usent
leurs ongles en marchant, ce qui nous rappelle les derniers des Herbivores, les Ougulogrades.

Les plus élevés, les Plantigrades, marchent, comme
leur nom l'indique, sur une surface plantaire ayant
beaucoup d'analogie avec la nôtre; seulement, des cinq

doigts qui la composent les deux extrêmes sont les moins développés et les moins importants.

Le cerveau de ces animaux présente un développement considérable, et si les circonvolutions y sont moins nombreuses que chez les Herbivores, elles gagnent en profondeur et en régularité ce qu'elles perdent en nombre ; elles coïncident parfaitement avec les affections si bien appréciées (Chien) et les facultés intellectuelles si bien connues (Chat, Ours) de ces animaux.

Quant à l'ordre des Quadrumanes aquatiques dont nous avons donné l'anatomie, les Phoques, qui en occupent le sommet, nous présentent dans leurs membres pelviens une organisation et une symétrie que n'atteignent pas encore, il est vrai, leurs membres thoraciques ; aussi ces animaux sont-ils les moins élevés des Cheirozoaires, et leurs mains ne sont-elles encore caractérisées que par le grand développement de leurs deux doigts extrêmes, dont l'abduction précède nécessairement l'opposition qui ne viendra s'ajouter qu'à la main du Singe et de l'Homme.

Les Quadrumanes aériens nous présentent une véritable main caractérisée, comme la nôtre, par un doigt opposable, le pouce ; cependant ce pouce n'est encore largement développé qu'aux membres pelviens. Quant à la main thoracique, son pouce, d'abord absent, est si réduit et fléchi par un tendon si grêle, lorsqu'il existe, qu'il n'a du nôtre que la forme et l'apparence ; et encore ce tendon, comme l'a si bien remarqué Vicq-d'Azir, n'est pas fourni par un muscle spécial, comme chez l'Homme, il n'est qu'une division de la masse tendineuse des fléchisseurs communs des doigts. Ainsi donc, le pouce antérieur du Singe est non-seulement plus réduit que le nôtre, mais encore il ne peut se fléchir isolément ; aussi le cerveau de ces animaux, malgré sa ressemblance avec le nôtre, en est-il à une grande distance, ainsi que nous le fait pressentir l'infériorité de leurs membres thoraciques.

Au point où nous en sommes parvenu, nous avons vu partout l'animalité monter d'échelon en échelon et se grouper dans un harmonieux ensemble au-dessous de l'Homme jusqu'aux Quadrumanes, qui en sont le terme le plus rapproché.

Ici le progrès proprement dit, l'analogie simple, ne nous suffisent plus : si nous trouvons encore quelque similitude dans certaines formes, dans certains organes de l'animal, comparés à ceux de l'Homme, un abîme insondable s'ouvre entre lui et la création animée. L'humanité surpasse l'animalité comme le ciel surpasse la terre.

La vaste intelligence de l'homme, qui embrasse l'infini, trace cette ligne de démarcation infranchissable. Par elle, il est le seul, de tous les êtres, doué de la sublime prérogative de la volonté et de la liberté ; par elle, il se reporte dans le passé, qui n'est plus, il vit dans le présent et le maîtrise, il éclaire les voies de l'avenir. Emporté sur les ailes de l'esprit, il s'élève jusqu'au Créateur universel, et son âme est comme un rayon émané de l'éternel soleil qui remonte sans cesse à sa source première pour s'y plonger et s'y confondre ; il est le seul de tous les êtres qui sente Dieu et son immensité, qui célèbre sa grandeur en régnant de plein droit, et par la souveraineté de sa nature, sur le monde physique, intellectuel et moral.

Eh bien ! cet être, privilégié entre tous, marqué au front, en naissant, d'un cachet royal indélébile, orné de tous les dons de l'intelligence, révèle en lui-même le système d'organe le plus complet et le plus admirablement combiné.

Pour rentrer spécialement dans le sujet qui nous occupe, sujet neuf, et que la science, avant nous, n'a guère qu'effleuré, la main de l'homme est d'un fini, d'un modèle, d'une perfection inimitable, en rapport avec son merveilleux cerveau, ce temple plein de mystères, comme l'a dit un naturaliste, et où réside un dieu, la pensée.

Physiologie de la main.

Si, jusqu'à nos jours les fonctions de la main n'ont pas été entièrement méconnues, du moins la plupart des anatomistes et des physiologistes les ont-ils négligées. Les philosophes seuls en ont fait mention, et encore n'ont-ils pas toujours été bien compris; témoin Helvétius, qui, pour avoir dit que si la main de l'homme était remplacée par un sabot de cheval, il ne serait pas plus intelligent que ce dernier, fut accusé d'avoir voulu placer le siége de l'intelligence dans la main, ce à quoi il n'a assurément jamais songé. La multiplicité et la diversité des usages de cet important organe nous donneront peut-être la raison de cet oubli.

La main a des fonctions pour ainsi dire universelles.

« Cet admirable instrument, selon M. Broc, représente un compas, le plus simple de tous les instruments, supérieur à ceux que l'art a inventés. Il peut s'accommoder à toutes les dispositions imaginables de la surface des corps, palper depuis la masse la plus volumineuse jusqu'au grain de poussière que l'œil peut à peine saisir, et se transformer, pour l'appréciation des formes, en un moule qui ne cesse de varier comme le nombre incalculable de leurs modifications.

« En outre, il est placé à la partie du membre la plus éloignée du centre des mouvements, et, par là, peut décrire de très-grands arcs de cercle et embrasser des corps dont le volume lui est de beaucoup supérieur; enfin, par son association avec celui du côté opposé, il représente un nouveau compas, circonscrivant un espace bien plus étendu. »

Par le toucher, la main nous enseigne les véritables propriétés des corps; elle nous en fait connaître d'une manière infaillible la forme, l'étendue, la résistance et la température, connaissances qui deviennent la base de toutes les autres.

Ce sens domine autant les autres que l'homme domine la série animale; il corrige et redresse leurs imperfections et leurs erreurs, il est exclusif à l'homme, il agit toujours précédé de l'intelligence, il est essentiellement actif, contrairement aux autres sens, qui ne sont que passifs, comme l'a si bien dit Bichat dans son *Anatomie générale*.

« Beaucoup d'animaux, dit-il, sont supérieurs à l'homme sous le rapport des mouvements et sous celui des quatre sens, du goût, de l'odorat, de la vue et de l'ouïe : cependant remarquez qu'il les efface tous par la perfection du cinquième sens, du toucher. Pourquoi? Parce que ce sens est différent des autres, qu'il leur est consécutif et qu'il rectifie leurs erreurs.

« Nous touchons parce que nous avons vu, entendu, goûté et senti les objets. Ce sens est volontaire; il suppose une réflexion dans l'animal qui l'exerce, au lieu que les autres n'en exigent aucune.

« La lumière, les sons, les odeurs viennent frapper leurs organes respectifs sans que l'animal s'y attende, tandis qu'il ne touche rien sans un acte préalable des fonctions intellectuelles. Il n'est donc pas étonnant que la perfection des organes du toucher et le grand développement du cerveau soient, chez l'homme, dans la même proportion, et que chez les animaux, où le cerveau est plus rétréci, le toucher soit plus obtus et ses organes moins parfaits. »

« Par lui, comme l'a si bien exprimé M. Broc, point de prestige; toujours accompagné de l'évidence, il ne cherche que ce qui est, ne palpe, ne saisit que la vérité. Enfin, il est le sein de la raison, le géomètre de l'esprit. »

Comme organe de manifestation extérieure, la main permet à la pensée de se solidifier et de s'éterniser.

« C'est elle, dit encore M. Broc, qui, détachant notre être de tout ce qui l'entoure, creuse l'espace, établit l'étendue, mesure la distance ; c'est elle seule qui exerce tous les arts, réalise dans la matière toutes les formes, qui crée ces innombrables merveilles, peuplant un globe dont elle seule nous a encore rendu capable de parcourir et de mesurer l'étendue. »

Comme organe d'expression, la main est le plus puissant auxiliaire de la parole, et lorsque celle-ci vient à manquer, ainsi que chez les sourds-muets, elle la supplée ; enfin, comme le dernier et le plus noble de ses priviléges, la main, par son mouvement de supination, peut regarder le ciel et adresser nos vœux au Créateur.

Si nous envisageons l'organisation et les fonctions de la main chez les diverses races humaines, et surtout dans les races blanches et noires, occupant les deux extrêmes de la série hominale, nous y trouvons une différence tranchée en rapport avec le progrès intellectuel, et qui nous permet d'affirmer que l'organisation de la main et de tout le membre supérieur se perfectionne en raison directe de l'ouverture de l'angle facial, et par conséquent en raison du volume de la masse encéphalique.

La longueur démesurée du membre thoracique du nègre le rapproche du Singe, et imprime à tout son maintien un cachet palpable d'infériorité, en ôtant à sa physionomie et à ses allures cette majesté, cette aisance, cette grâce qui caractérise la race caucasienne.

Un autre point de contact du nègre avec les Quadrumanes, c'est cette excessive mobilité des membres thoraciques, qui lui permet, comme à ces animaux, de grimper et d'exercer son agilité d'une façon surpre-

nante. Jamais la main du nègre ne nous a offert cette
organisation, ce développement, cette régularité de
lignes, cette harmonie qui constitue la supériorité et
la beauté de celles que nous avons si souvent remar-
quées chez les blancs, et particulièrement chez les
hommes éminents; ce qui nous explique pourquoi nous
ne connaissons aucune œuvre durable et grandiose sortie de la main des nègres.

En outre, nous sommes autorisé à penser que leur
toucher est moins délicat et moins parfait que le nôtre,
parce que leurs ongles sont plus comprimés, plus en-
gaînants, et la saillie de l'extrémité de leurs doigts, la
partie tactile par excellence, est moins développée.

Quant à la race blanche, celle qui présente la masse
encéphalique la plus volumineuse, les facultés affectives
et intellectuelles les plus hautement développées et
l'angle facial le plus ouvert, elle a aussi le membre
thoracique le mieux attaché, le mieux combiné et le
plus harmonique, la main la plus nerveuse, la mieux
organisée, la plus belle et la plus féconde en chefs-
d'œuvre.

Après avoir examiné la main dans l'échelle ascen-
dante des animaux et dans la série hominale, après
avoir vu partout et toujours l'intelligence briller et
grandir en proportion du degré de perfectionnement
de cet organe, nous allons l'examiner sommairement
chez les idiots, les crétins, les imbéciles, chez les
hommes vulgaires et d'esprit transcendant.

Le membre thoracique et la main de l'idiot et du
crétin sont informes et atrophiés comme leur cerveau;
ils ont un avant-bras presque dépourvu de mouvement
de rotation. Leurs mains, petites, supportées par de
larges poignets, manquent quelquefois de pouce, et,
quand il existe, il est assez souvent fléchi et comme
adhérent à la paume de la main.

La main des imbéciles a un peu plus de développe-

ment, mais elle est encore épatée, mal conformée ; les
muscles de l'épaule et de l'avant-bras, quoique un peu
plus développés, n'exécutent cependant pas de mouvements beaucoup plus étendus que chez les idiots.

Si, chez les hommes d'intelligence ordinaire, la
main n'a rien d'anormal et comporte parfois même un
certain degré de beauté, il n'en est pas moins vrai que
ordinairement ses mouvements sont restreints, surtout
ceux d'opposition, bornés quelquefois jusqu'au point
de ne pouvoir faire toucher le pouce et le petit doigt de
la même main, ou de n'obtenir ce résultat qu'avec difficulté. Cette main est ordinairement montée sur un
large poignet, selon la judicieuse observation de Du-
puytren : la partie tactile en est maigre ; les saillies
situées à la base, et principalement celles de l'extrémité
des doigts, sont peu développées ou tout à fait absentes ;
l'ongle, plus comprimé et plus engaînant, rend l'extrémité du doigt plus effilé. L'ensemble de leur membre
thoracique, quelquefois trop volumineux, surtout à sa
racine, le plus souvent trop grêle, a des formes mal
dessinées, et communique à leur maintien, à leur démarche, un air de gêne et de contrainte.

Pour les hommes éminents, de jugement supérieur,
les membres thoraciques et les mains sont toujours un
modèle de perfection. La main, toujours supportée par
un poignet fin et délié prolongé par un avant-bras bien
développé, est particulièrement et quelquefois exclusivement appropriée à la science ou à l'art que leur génie
cultive.

La main pour ainsi dire parlante et éloquemment
animée des grands orateurs, leurs gestes pleins d'harmonie, de charme ou de véhémence, doublent leur
puissance d'émouvoir.

Si, comme nous l'avons dit plus haut, le toucher est
le géomètre de l'esprit, le sens souverain de la raison,
la perfection plus ou moins grande de la main, qui en

est l'organe, ne doit-elle pas indiquer, par des signes non équivoques, le plus ou moins de force de cette même raison, surtout chez les hommes remarquables par un jugement très-développé?

Nous pourrions démontrer, en terminant ce travail, que l'inspection des formes de la main peut nous révéler le côté moral et intellectuel de l'homme. Les résultats déjà obtenus nous portent à croire que la science, si elle veut l'approfondir, retirera de cette étude un précieux avantage, lorsque, dans un avenir prochain, il lui sera loisible, d'après l'inspection de la main, d'apprécier le degré de jugement de l'homme, les tendances de son esprit et de son caractère, et les aptitudes spéciales de son organisation. L'exploration de ce nouveau filon de la science ne viendra-t-il pas expliquer et étendre le système remarquable, mais incomplet, de Lavater sur la physiognomonie? Nous l'espérons, et nous serions heureux si nos efforts, quelque faibles qu'ils soient, pouvaient y contribuer.

FIN.

TABLE DES MATIÈRES

10

Paris. — Typ. Simon Raçon et Cⁱᵉ, rue d'Erfurth, 1.

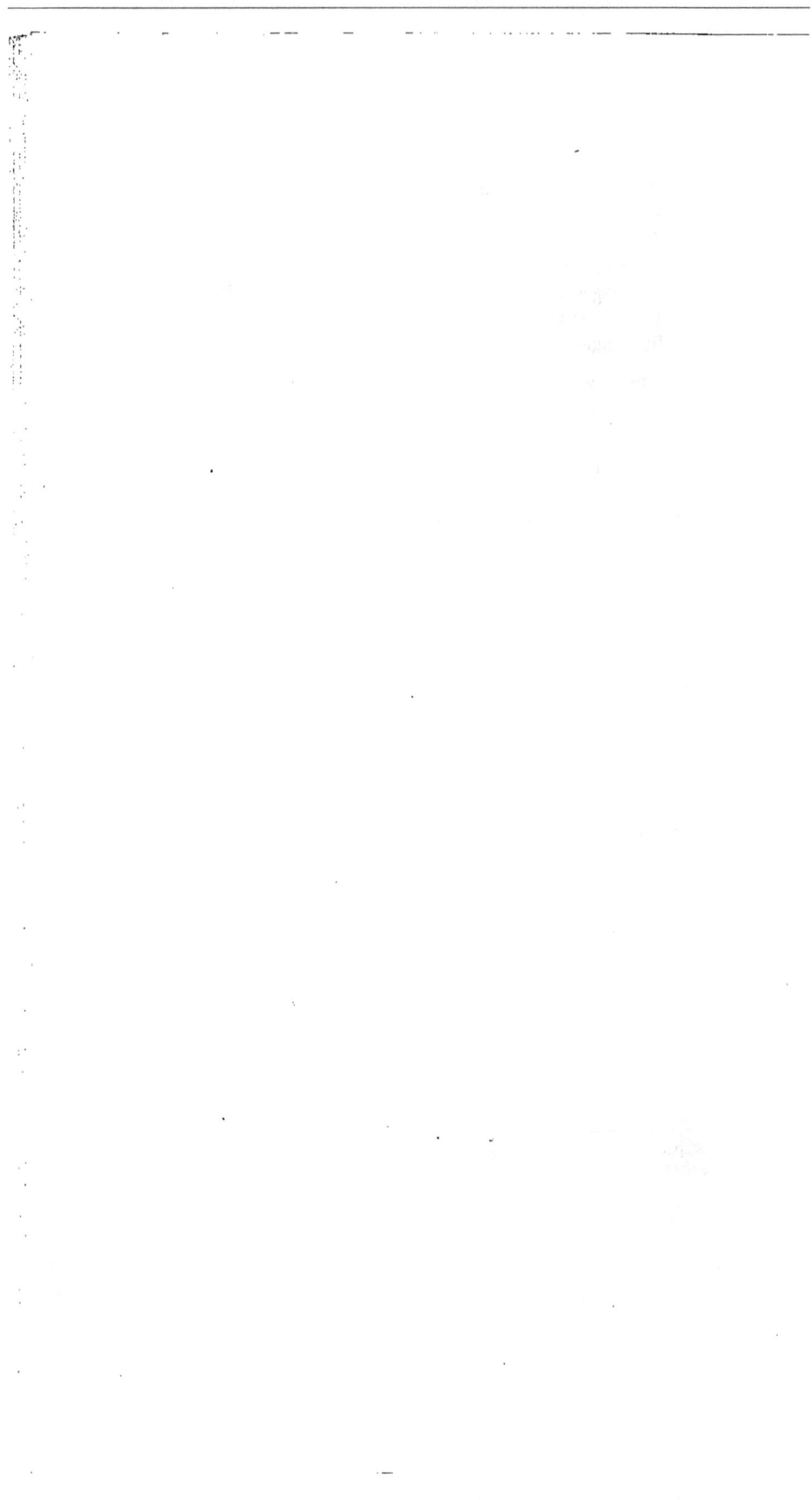

CLASSIFICATION DICHOTOMIQUE DU RÈGNE ANIMAL

BASÉE SUR LES APPAREILS ET LES FONCTIONS DE REPRODUCTION.

GÉNÉRATION.

1. Hétérogène ou Hétérogénie . . . . 1. Génération spontanée . . . .
   - 1. Illimitée. *Infusoires.*
   - 2. Limitée. *Parasites.*

1. Homogénie fissipare . . . . 2. Fissiparité . . . .
   - 1. Agrégée. *Zoophytes.*
   - 2. Libre. *Échinodermes.*

1. Sexualité incomplète . . . . 3. Hermaphrodisme . . . .
   - 1. Suffisant. *Multivalves.*
   - 2. Insuffisant. *Univalves.*

1. Œuf incomplet . . . . 4. Métamorphose . . . .
   - 1. Multiple. *Annélides, Crustacés, Octopodes.*
   - 2. Unique. *Insectes.*

1. Fécondé au dehors de la mère . . . . 5. Fécondation extérieure . . . .
   - 1. Après la ponte. *Poissons.*
   - 2. Pendant la ponte. *Amphibiens.*

1. Embryon développé au dehors de la mère . 6. Incubation extérieure . . . .
   - 1. Solaire. *Reptiles.*
   - 2. Maternelle. *Oiseaux.*

1. Utérus multiple . . . . 7. Didelphes . . . .
   - 1. Terrestre.
   - 2. Aériens.

1. Placenta multiple . . . . . 8. Placenta multiple ou diffus . . . . .
   - 1. Ongulogrades.
   - 2. Cutigrades.

1. Mamelles multiples . . . . 9. Mamelles multiples ou ventrales . . .
   - 1. Digitigrades.
   - 2. Plantigrades.

2. Mamelles uniques . . . 10. Une seule paire de mamelles . . . .
   - 1. Quadrumanes.
   - 2. Bimanes.

Colonnes verticales (emboîtées) :
- 2. HOMOGÈNE.
- 2. HOMOGÉNIE SEXUELLE.
- 2. SEXUALITÉ COMPLÈTE PRODUISANT TOUJOURS UN ŒUF.
- 2. ŒUF COMPLET (Vertébrés).
- 2. FÉCONDATION AU DEDANS DE LA MÈRE (Allantoïdiens amniotiques).
- 2. EMBRYON développé à l'intérieur de la Mère. (Utérins, Mammifères.)
- 2. UTÉRUS UNIQUE (Placentaires).
- 2. PLACENTA UNIQUE.

MAMMIFÈRES

CARACTÉRISÉS PAR UNE SEULE PAIRE DE MAMELLES

CHEIROZOAIRES (HUMAINS)

MAMELLES UNIQUES (UNE SEULE PAIRE)

- **QUADRUMANES**
  - 1. AQUATIQUES
    - 1. Complétement aquatiques, Cétacés
      - 1. Delphiniens.
      - 2. Manates, Lamentius. *Femme marine.*
    - 2. Semi-aquatiques, Phoques
      - 1. Anotaries.
      - 2. Otaries.
  - 2. AÉRIENS
    - 1. Complétement aériens, Cheiroptères
      - 1. Chauves-souris.
      - 2. Roussettes.
    - 2. Semi-aériens, Singes
      - 1. Du nouveau continent.
      - 2. De l'ancien continent.
        - 1. Urodèles.
        - 2. Anoures ou anthropomorphes.
- **BIMANES**
  - 1. DE COULEUR
    - 1. Noir ou Africain
      - 1.
      - 2.
    - 2. Rouge ou Américain
      - 1. Méridional
      - 2. Septentrional.
  - 2. BLANCS
    - 1. Asiatique
      - 1.
      - 2.
    - 2. Européen
      - 1. Continental.
      - 2. Insulaire
        - Irlandais, Anglais. Écossais.

www.ingramcontent.com/pod-product-compliance
Lightning Source LLC
Chambersburg PA
CBHW071838200326
41519CB00016B/4163